人居动态 2014 XI

全国人居经典建筑规划设计
方案竞赛获奖作品精选

QUAN GUO REN JU JING DIAN JIAN ZHU GUI HUA SHE JI
FANG AN JING SAI HUO JIANG ZUO PIN JING XUAN

郭志明 陈新 主编

目录

CON

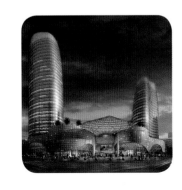

TENTS

汶川 县城修建性详细规划

项目名称：汶川县城修建性详细规划
设计单位：北京清华同衡规划设计研究院

技术经济指标
用地面积：470.75 hm²
总建筑面积：286.89m²

区位分析

汶川县位于四川省西北部、阿坝州境东南部的岷江两岸，是阿坝州的南大门，有"川西锁匙"和"西羌门户"之称。县城威州镇，居县北部杂谷脑河与岷江交汇地，海拔1326米，距省会成都159公里，距州府马尔康204公里。

规划范围

规划范围为沿岷江河谷两侧，共约4.71平方公里的用地，主要包括七盘沟组团、主城区组团和雁门组团。

主城区组团主要功能为综合行政商贸服务及居住休闲，包括：老城区、郭竹铺片区、桑坪片区。

老城区为行政商贸、居住休闲功能区，旅游与商贸服务设施建设与绿化和休闲文化广场等城市公共空间紧密结合，提高各种绿化空间的服务和使用功能，避免出现单调乏味、缺乏人气的绿地。绿化景观的塑造应充分体现生态性和立体化，应大力发展多层次、多角度的绿化形式，鼓励墙面绿化、阳台和窗台绿化以及屋顶绿化。

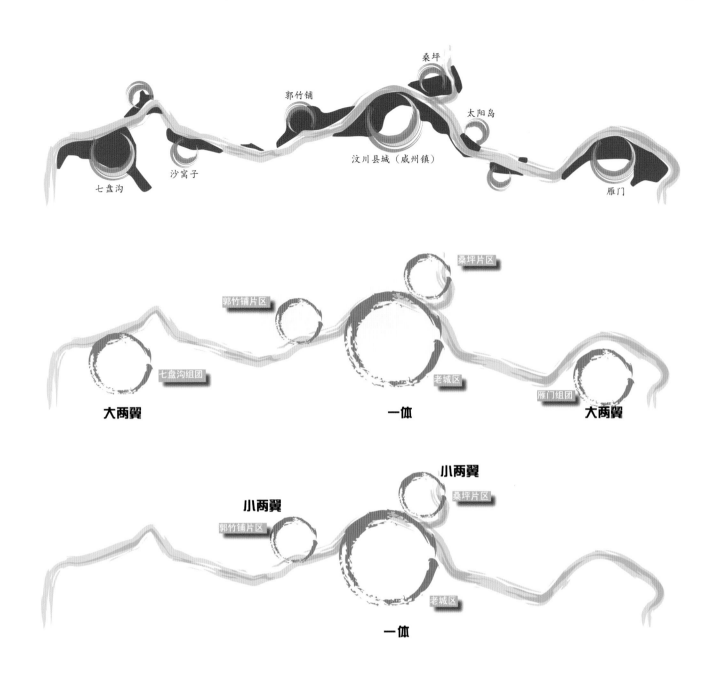

桑坪

郭竹铺

太阳岛

汶川县城（威州镇）

七盘沟

沙窝子

雁门

桑坪片区

郭竹铺片区

七盘沟组团

老城区

雁门组团

大两翼

一体

大两翼

小两翼

小两翼

桑坪片区

郭竹铺片区

老城区

一体

郭竹铺片区为生态人居小区；桑坪片区为综合辅助居住功能区。七盘沟组团为温情花园式小区，主要功能为生态居住及旅游服务。

雁门组团为教育科研片区，主要功能为教育科研、生态居住及旅游服务。

梳理城市空间肌理及景观结构

1、梳理城市空间肌理
整理城市现状，在现场调研的基础上先将汶川县城按照新建建筑、保留建筑、可新规划建筑进行分类。进而运用"织补城市"(weaving the city)的理念整治城市空间，织补城市肌理、重塑城市空间及风貌。

2、梳理打造景观结构
在现状分析基础上，以"显山露水"，形成江—城—山一体的城市总体格局为目标，对汶川县城进行景观结构的梳理和打造。

打造"中国羌城"，构筑文化旅游名城

1、通过重要节点体现羌风特色

汶川处于多民族融合共生的地区，羌族文化尤为突出，方案在主城区的中轴线、七盘沟河两侧及雁门的江湾，均规划有重要羌族建筑特色节点。

中轴线节点位于主城区核心的中轴线羌风商贸区，这里是体现羌族特色的核心地区，是展示汶川地域、民族文化和灾后重建成就的重要窗口。

规划采取底商上住的建筑形式，利用模块单元变化组合的方法，形成既丰富又统一的整体建筑群落。并进一步通过反复推敲、深入设计，达到建筑方案深度，指导施工图设计。塑造以羌族传统建筑特色为主，多民族建筑风格兼容并蓄、和谐共存的新汶川民族建筑风貌。

盘沟河两侧节点规划为沿河的羌式酒吧娱乐休闲旅游商业空间

雁门的江湾节点则主要规划为农家乐形式的休闲旅游区域，并且这些特色旅游服务设施同时也为各个组团的居民生活服务。

另外规划结合古羌文化、锅庄文化，规划了西羌文化街、桑坪索桥、锅庄广场等重要羌式地标节点以及岷江左岸景观风貌带，为实现"文化旅游名城"奠定了基础。

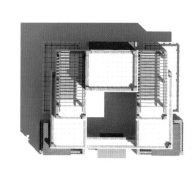

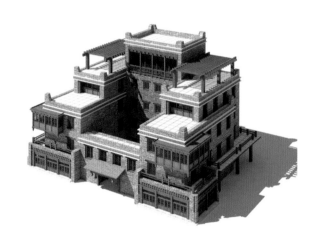

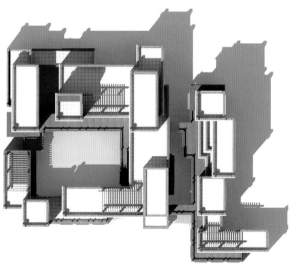

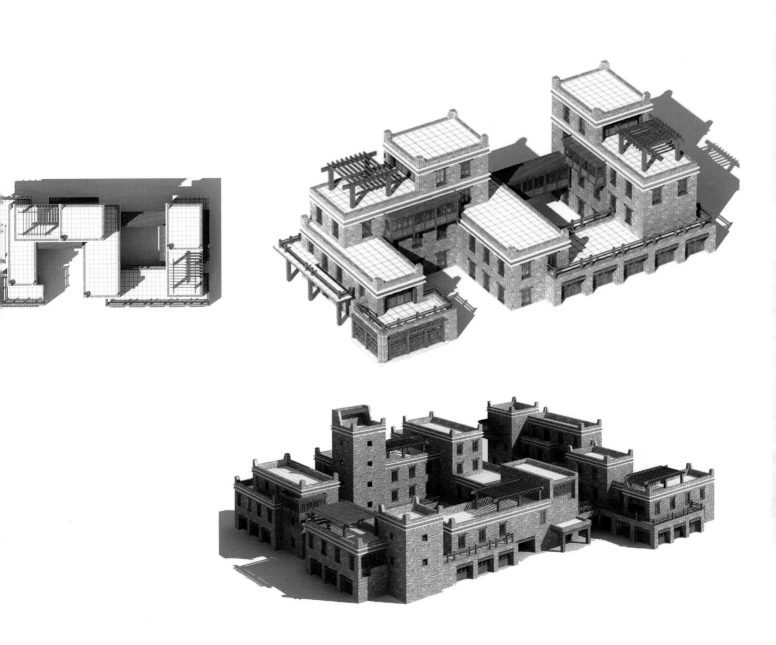

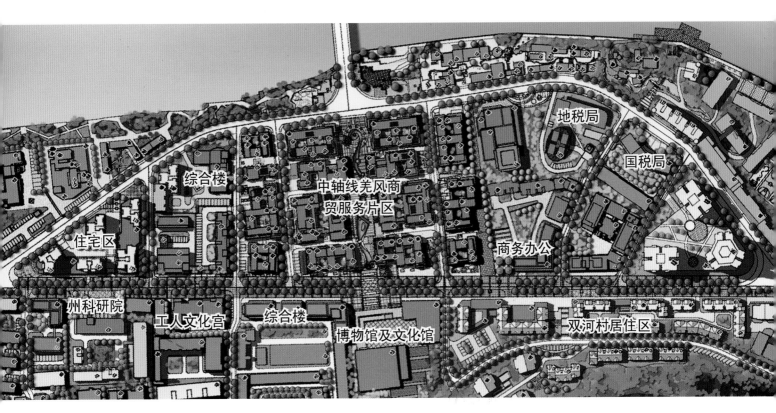

天津 武清下朱庄南湖片区（天和路）

项目名称：天津武清下朱庄南湖片区（天和路）
设计单位：北京营造无限建筑设计事务所

技术经济指标
规划面积：1210hm^2

规划范围

规划用地——下朱庄街位于武清区中南部，紧邻武清新城，属于武清新城的远景控制区范围。南湖片区位于下朱庄街东部范围内。

规划范围——北起北杨路，南至滨保高速，西起京津高速联络线及外环线北延长线，东至京津唐高速公路。

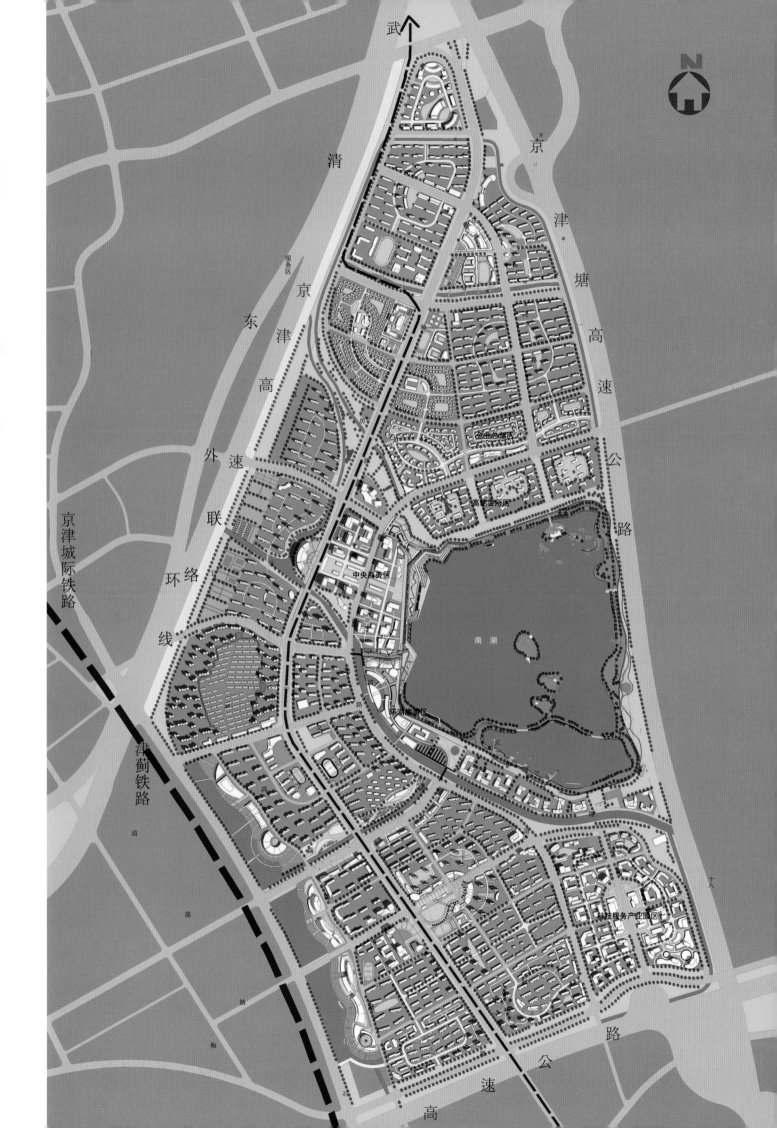

生态之城

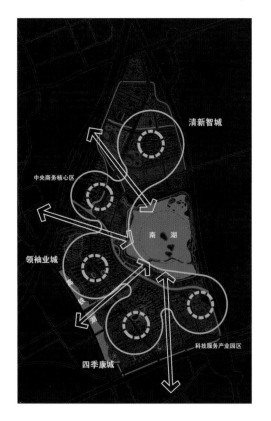

水景之城

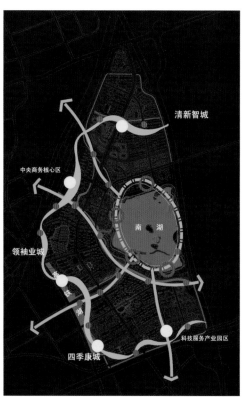

健康之城

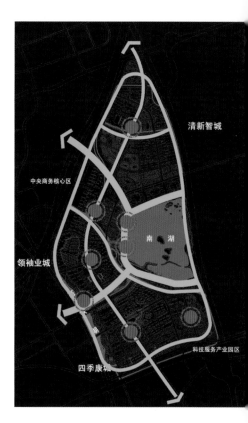

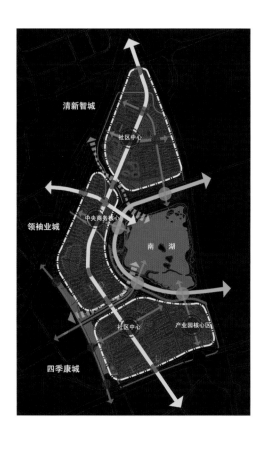

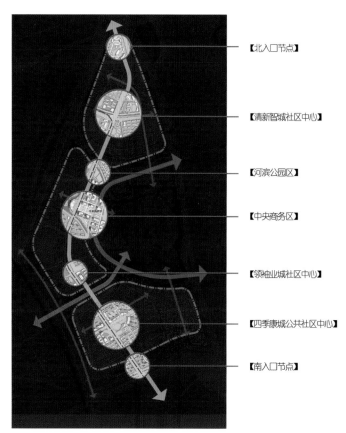

【北入口节点】

【清新智城社区中心】

【河滨公园区】

【中央商务区】

【领袖业城社区中心】

【四季康城公共社区中心】

【南入口节点】

规划强度

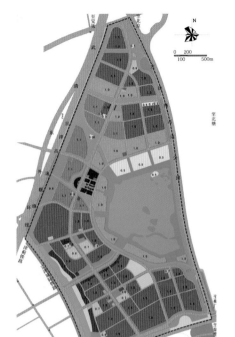

道路交通规划

高铁湖

土地利用

道路交通规划

规划目标与特色

城湖共生——打造京津生态天河城盈彩水岸
盈彩水岸——打造京津水上"威尼斯"
珠环绿带——打造京津休闲运动城

规划结构

以高端会所、市民广场、滨水商业步行街、水上运动休闲俱乐部等职能为一体的区域性旅游度假、休闲娱乐区。

集区域商务中心、组团社区中心、特色空间节点于一体的综合性生活轴线。

以休闲娱乐、现代商务、购物中心、高端居住等核心功能构成的综合功能轴线。连接南湖与西部城区。连接高铁湖和南湖。

低密度高档住宅区。社区以低密的花园洋房、联排别墅为主，中部以学校及体育场馆构建社区公共服务中心。

中高密度高档混合区。社区中北部为商业商务区，南部为小高层以及花园洋房。

低密度高档住宅区。社区以低密的花园洋房及小高层为主，为产业园区高端人才的配套生活区，在中心广场及南部入口处可建设少量高层住宅。

丰城 欧亚达中心城

项目名称: 丰城欧亚达中心城
开发单位: 欧亚达集团
设计单位: 华东建筑设计研究院有限公司规划建筑设计院

技术经济指标
用地面积: 616612 m²
总建筑面积: 154.15万m²
容积率: 2.50

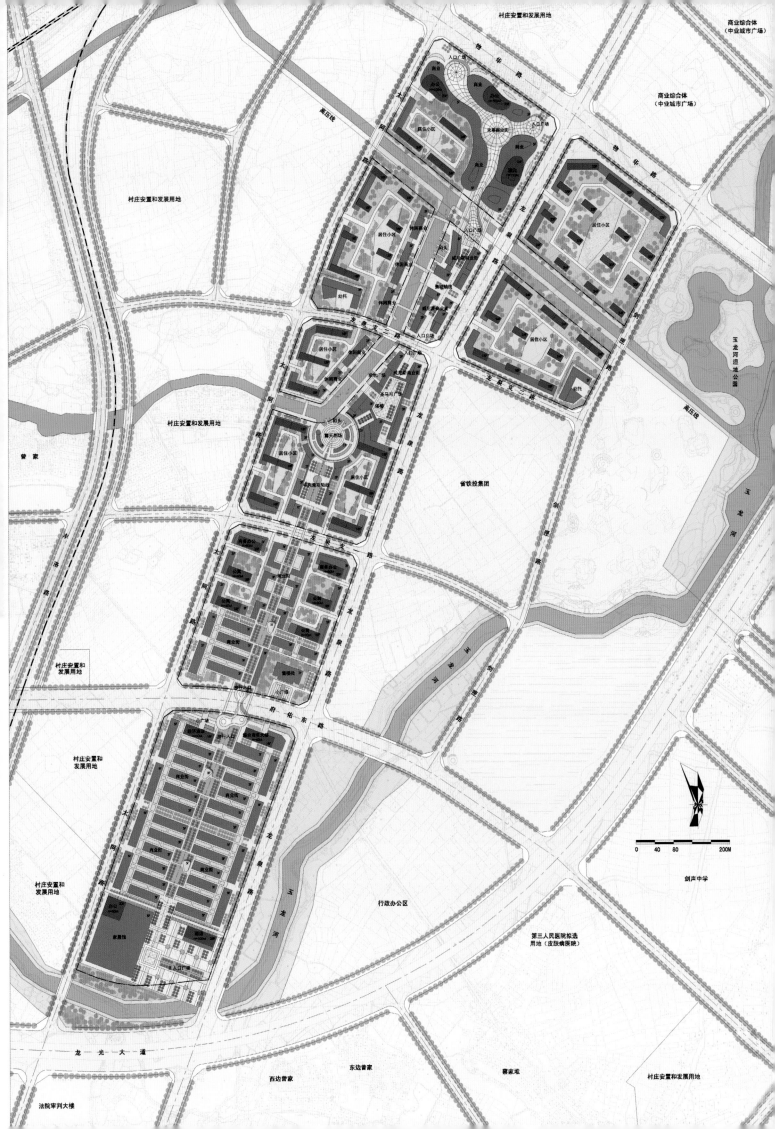

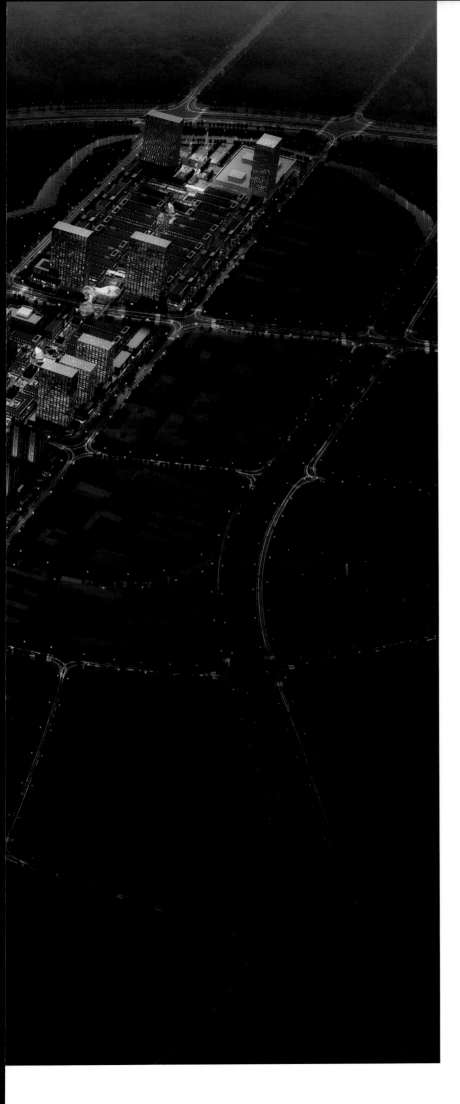

基地概述

项目地块位于丰城市高铁新城板块之内，在沪昆铁路以南、新城中心区以东、东规九路以北的商贸物流城内，为城市发展重点打造项目之一。

基地四至

基地南至龙光大道，北至物华路，东临太阿路，西至龙泉路，与玉龙河湿地公园仅一路之隔。基地被城市道路划分为若干地块，总用地面积为616612平方米，合924981亩（以实测为准）。

空间与形态分析

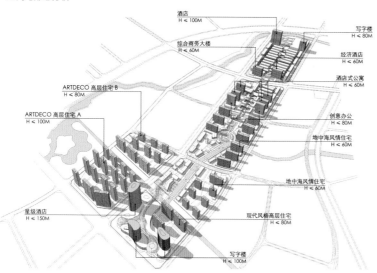

酒店
H ≤ 100M

写字楼
H ≤ 80M

综合商务大楼
H ≤ 60M

经济酒店
H ≤ 60M

ARTDECO 高层住宅 B
H ≤ 80M

酒店式公寓
H ≤ 60M

ARTDECO 高层住宅 A
H ≤ 100M

创意办公
H ≤ 80M

地中海风情住宅
H ≤ 60M

星级酒店
H ≤ 150M

地中海风情住宅
H ≤ 60M

现代风格高层住宅
H ≤ 80M

写字楼
H ≤ 100M

建筑功能与业态分析

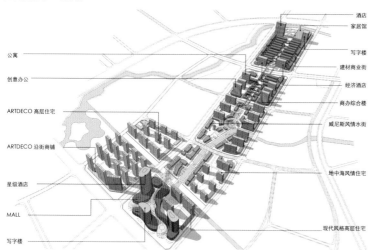

公寓

创意办公

ARTDECO 高层住宅

ARTDECO 沿街商铺

星级酒店

MALL

写字楼

酒店

家居馆

写字楼

建材商业街

经济酒店

商办综合楼

威尼斯风情水街

地中海风情住宅

现代风格高层住宅

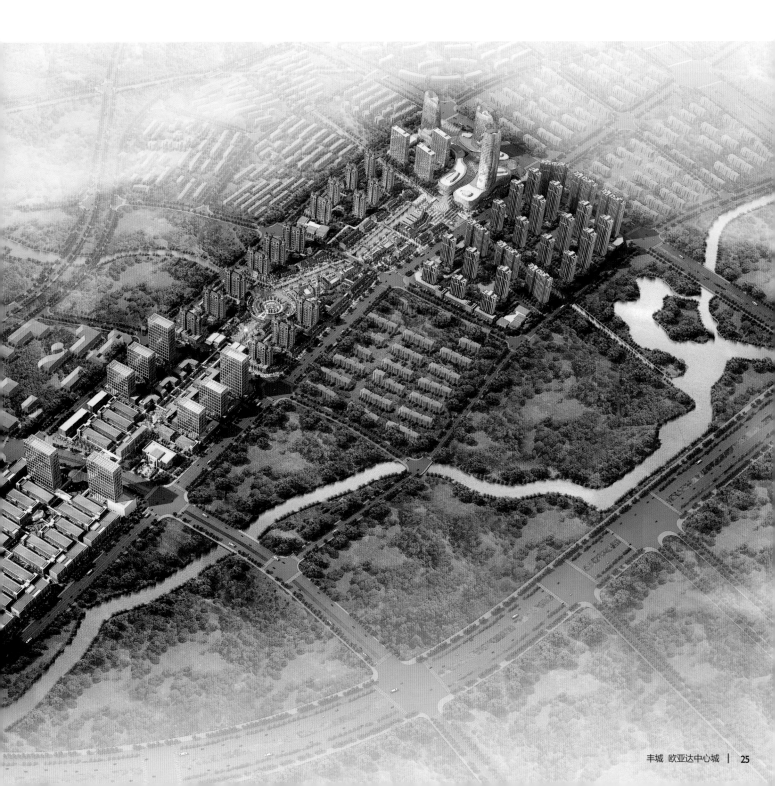

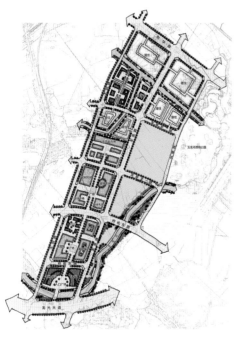

优点：

1、商贸区主入口紧邻国道龙光大道，形成欢迎之势，区域形象极佳；

2、业态从南到北逐渐生活化，并融入进住宅区，动静分明；

3、住宅区域景观元素丰富。

缺点：

1、高压线影响。

2、商贸区中心偏于一侧，服务半径略有欠缺。

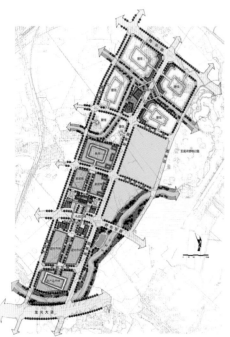

优点：

1、双核心带动；

2、商贸核心形象性突出，中心广场仪式感强，沿龙泉路、龙光东大道的展示性强；

3、开发具备可变性（商贸与居住相对脱离，依托各自核心开发，规模可依据市场调节）；

4、有效利用景观资源。

缺点：

1、高压线影响；

2、南侧龙光大道展示性稍弱。

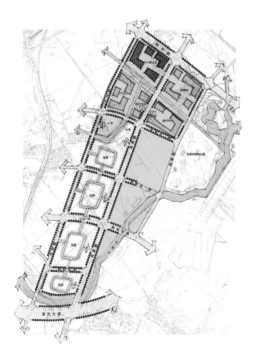

优点：

1、中心商业区与家居城、建材市场、农产品市场形成大组团，紧挨物华路，交通便利，利于产生规模效应；

2、住宅区位于南侧地块，紧挨玉龙河湿地公园，风景秀美，利于价值提升。

缺点：

1、购物中心离住宅区较远，服务功能欠缺；

2、沿龙泉路展示性稍弱。

运城 东部生态新区安置区

项目名称：运城东部生态新区安置区
开发单位：运城市城市建设投资开发有限公司
设计单位：清华大学建筑设计研究院有限公司

技术经济指标
总用地面积：295657m²
总建筑面积：812398m²
地上建筑面积：739143m²
机动车停车位：2093辆
居住户数：6976户
居住人口：19533人
平均容积率：2.5
绿地率：31%

场地概述

本项目位于山西省运城市东部生态新区核心区东侧，紧临东外环路。片区共分为2个地块（为便于工作开展，现暂定地块编号为A区、E区，详见附图），项目四至范围大体是：A地块北起宝塔街，南至铺安街，西起支九路，东至东外环路；E地块北起河东东街，南至光华路，西起禹东路，东至东外环路。总占地635.4亩，安置人口约2万人。

总平面布置及交通设计

小区采用整体的设计手法，规划布局自由活泼，内部六大组团通过"一横两纵"三条空间轴线联系起来。规划设计上遵守以下设计原则：

各居住组团的均好性。规划设计上共划分了六大居住组团。各居住组团在建筑密度、容积率、绿化景观等方面都做到均好，极大地减轻了拆迁安置工作的压力，各居住组团配套设施齐全，独立对外出入口，人车分流，各组团居民生活互不干扰同时又有方便的邻里交往。

考虑住宅与产业配套发展。沿街合理设置底商，有效解决安置居民就地就近就业的问题。踏勘发现本地居民多沿街开设商铺，这样的规划设计使得村民在拆迁后，在劳动中实现自我价值的同时，潜移默化地接受城市化的生活方式。

注重以人为本。考虑中老年人对交往空间的需求，结合中心景

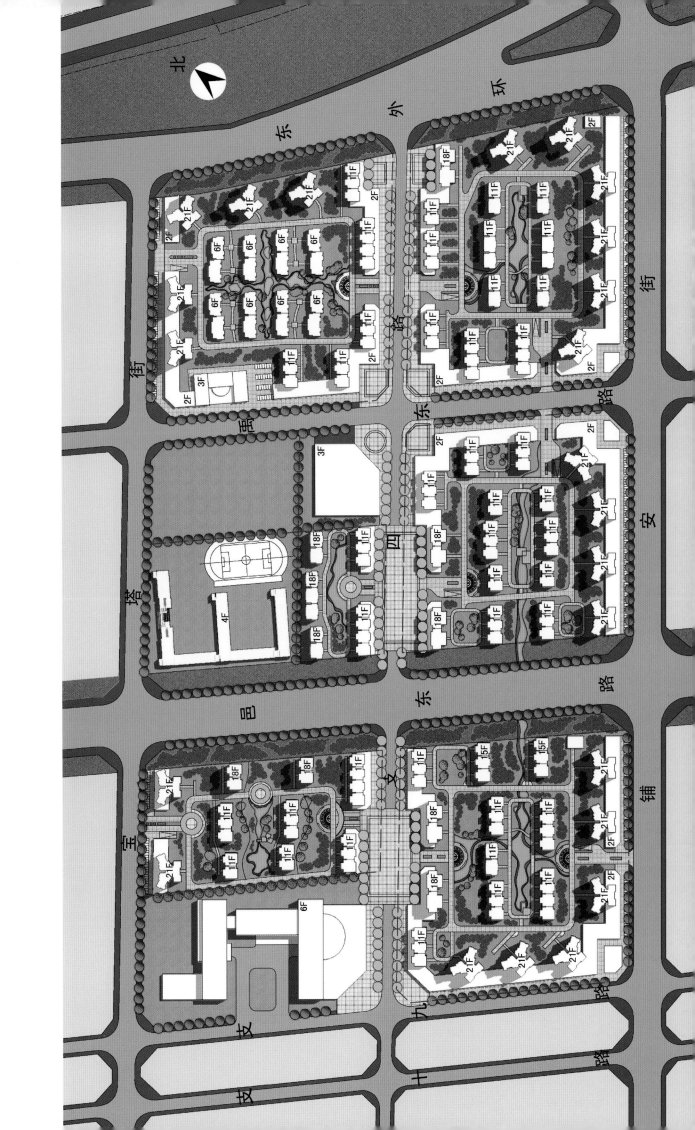

观、组团绿化。合理设计架空空间及老年活动场所，独立设计托老所。

将混居模式引入安置房小区规划中。适当控制按照小区的规模，在A区规划中将安置房和配套公建结合布置，延展商业面，在地块中部形成一条尺度宜人的商业内街，增加城市活力。

各居住小区独立设置对外出入口，小区出入口附近设置地下车库出入口，小区内部道路设计为纯步行空间，实现人车分流的同时改善小区内部居住环境。

景观绿化设计

小区景观脉络表现为清晰的"一横两纵"的轴线关系。环境设计充分考虑拆迁安置村民的生活习性，结合运城的气候和植被特点，同时通过有组织的绿化、水体、小品，实现建筑与环境的和谐。

绿化设计可分成四种类型：礼仪性景观、近人性景观、分隔性景观和立体景观。礼仪景观主要位于"一横两纵"景观带主轴上，同时结合树阵、铺地、水面、小品，突出了以人为本的设计理念。

主要景观带周边和次要建筑组团内部的景观则主要以自然的景观形态为主，小径曲折、植被错落、布移景异，为人们提供一个宜人的驻足空间。

景观绿化不应仅仅追求绿化率，考虑安置居民的特点，适当种植部分经济作物和果树苗木，延续农业文化，营造乡野氛围。

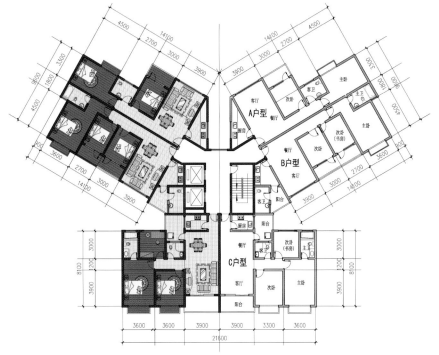

总建筑面积：600.17m²

（其中）公摊面积：60.97m²，占11.31%

注明：公摊面积只计入本层内楼、电梯间及管道间等，
未含其他部位设置的设备用房等。

A户型 二房二厅一卫	建筑面积	84.79m²
	套内面积	76.18m²
	公摊面积	8.61m²
	阳台面积	2.10m²
B户型 三房二厅一卫	建筑面积	108.78m²
	套内面积	97.73m²
	公摊面积	11.05m²
	阳台面积	5.91m²
C户型 三房二厅二卫	建筑面积	106.51m²
	套内面积	95.69m²
	公摊面积	10.82m²
	阳台面积	6.58m²

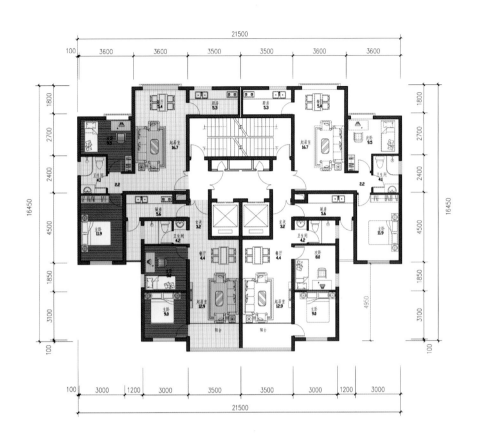

户型	使用面积	套内面积	建筑面积	公摊面积	得房率
三室两厅两卫	117.72 m²	129.07 m²	146.05 m²	16.89 m²	88.37%

天津 万科东丽湖别墅

项目名称：天津万科东丽湖别墅
开发单位：天津万科房地产开发有限公司
设计单位：深圳华汇设计有限公司

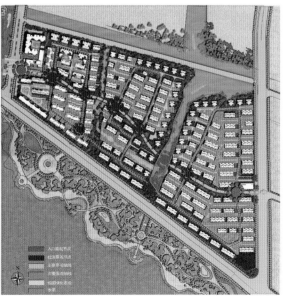

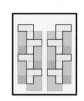

院野及牙刷型别墅示意图

场地概述

本项目邻岸位于天津市中心城区的东侧，隶属于滨海新区的东丽湖生态居住组团，紧邻空港加工区及开发西区。项目东西跨度3公里，贯穿整个东丽湖的北岸。六期位于东丽湖整个片区东南侧，南邻东丽湖，整个地块共分为三个子地块，整体设计风格采用草原赖特风格。

本案整体定性为赖特草原别墅风格。建筑体量以及平面布局符合草原风格的特点。同时立面手法上，强调水平线条感，建筑从下到上分为五个层次，从建筑的院墙开始形成本案的第一个水平感，到基座一层以及局部二层部分的石材，形成建筑的第二个水平线条，在石材上部为大部分砖墙面部分，亦是第三个水平部分，再此之上形成一个水平向的线脚使下部的主墙与坡屋顶之间形成一个很强烈的阴影退进关系，第五个层次也是达到建筑高潮部分，即是水平向的大屋檐。该屋檐有很大的出挑，形象飘逸，在取得形式美的同时，又起到一定的遮阳作用。

与强调水平向线条相对应的是一些竖向的高耸的体量，此类体量基本结合建筑的使用功能（如楼梯间等）自然形成，她与水平线条配合形成横竖的体量穿插，使建筑在体量上更加丰富，不至于呆板。

在建筑材料上，本案亦体现出草原风格的材料特点，如红砖，黄砖，这些都是赖特风格的材料精髓（如罗宾别墅外墙基本为红色面砖）。同时在建筑一层及局部二层部分出现石材，使建筑更具有归属土地的感觉，并提升了建筑的品质。与此同时在建筑的山墙以及背面部分出现一些装饰花格，在满足建筑私密性要求的同时，亦使建筑立面更加丰富，同时规避了山墙呆板的弊端。

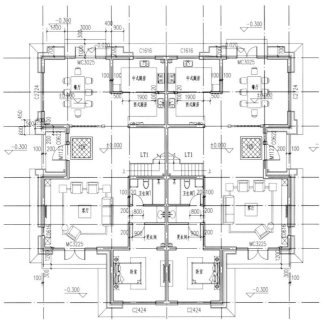

首层平面图

单体设计

1、牙刷产品

(1) 通过左右对调的布置方式，使南北两户的楼间距达到最大化，高达16米之多，较传统联排别墅的楼间距有明显的优势。

(2) 每个牙刷户型北侧仅在三层处设置高窗，使得南北两户无任何对视问题。

(3) 每个牙刷户型均有南北两个大院，其中中间户南向院子有8.5米X10米高达85之多，北侧内务院面积亦有30之多；最南端户型南向庭院面积更高达160之多。

(4) 户型上：每个户型一层均有老人专属的会客区域，以及老人居住套房以及自己的独立庭院，更符合老人的生活习惯要求。作为该户型的客厅和餐厅更有宽达9米的气派横厅。客厅均有挑空设计，彰显气派。

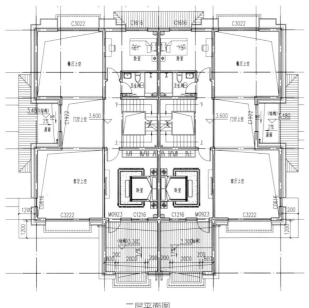

二层平面图

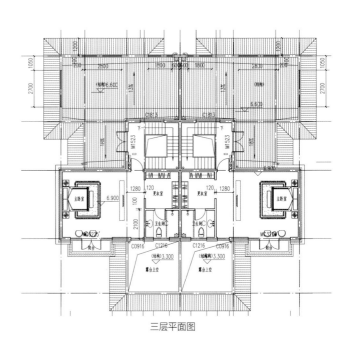

三层平面图

银灰色涂料　　赭石色铝板　　米黄色石材　　赭石色面砖
浅黄色面砖　　赭石色涂料　　灰色水泥瓦

位于六期二六期三　五联排北立面（南入户）

米黄色石材　　赭石色涂料　　赭石色面砖　赭石色铝板
灰色水泥瓦　　褐色盖砖　　银灰色涂料

位于六期三角地六期二六期三　双拼北立面

二层部分次主卧室有南向满面宽大露台。普通卧室亦为套房设计并且也配有自己专属的露台空间。

三层部分为主人专属的豪华空间，内配卧室，独立书房，独立衣帽间以及卫生间，并且拥有一个专属的屋顶花园。

2、合院产品

(1) 标准合院有九户组成，每户均有南向大庭院以及北向后院，庭院布置都相对集中，面积由85～110m²不同。相对统的别墅分散布置的庭院更彰显气派，更加实用。

(2) 户型之间通过北向开小窗或者高窗的方式避免了互相之间的视线干扰。规避了传统合院私密性差的问题。

(3) 户型特点：合院中除了东北角以及西北角两户外，在首层均设置有老人房，方便老人使用。

二层部分每户均有一个餐厅上空空间以及双套房。

三层部分为主人专属的豪华空间，并均配有超大南向露台。

武汉　金地雄楚一号

项目名称：武汉金地雄楚一号
开发单位：武汉金地房地产开发有限公司
设计单位：华东建筑设计研究院有限公司规划建筑设计院

技术经济指标
规划用地面积：231329m²
总建筑面积：1091905m²
地上计容积率总建筑面积：898339m²
容积率：3.88%
建筑密度：22.8%
绿地率：33.6%
总居住户数：7073户
机动车停车数：6462辆

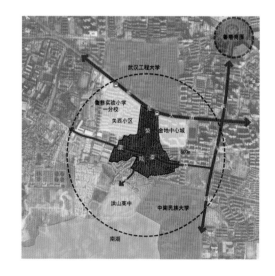

项目背景

武汉市是湖北省省会城市，华中地区中心城市，市区包括：江岸区、江汉区、楚口区、汉阳区、青山区、武昌区及洪山区等七个城区。

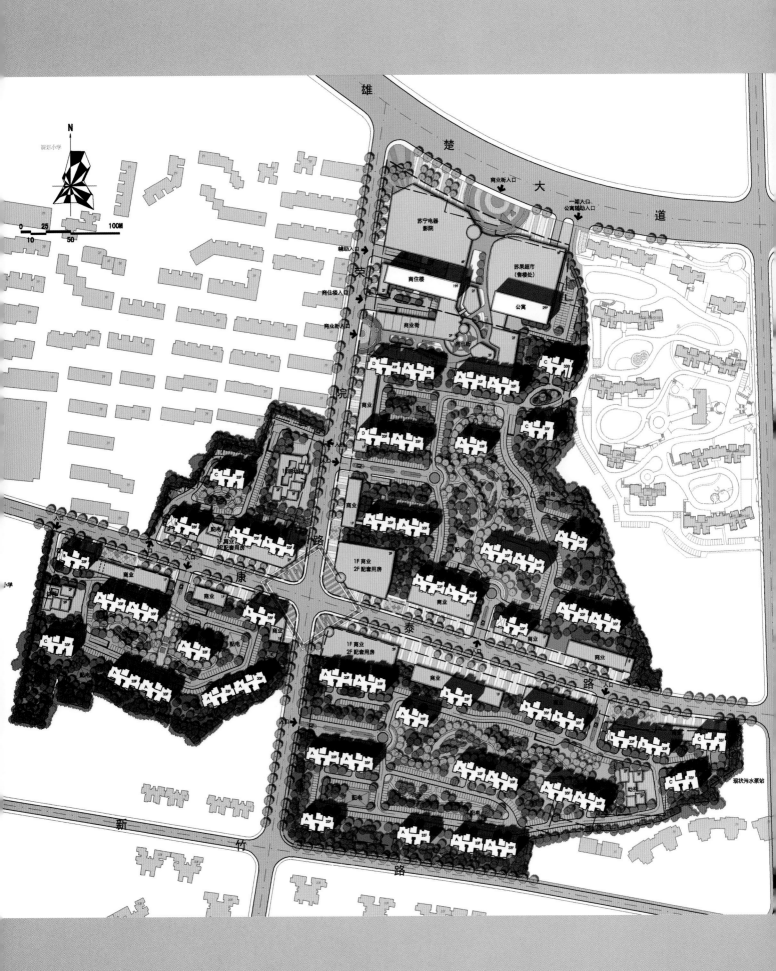

本项目基地位于武汉市洪山区光谷地区东湖新技术开发区内，南湖以北，紧邻雄楚大道。

项目总用地面积231329 m²。

基地概况

基地紧邻雄楚大道，坐落在东湖开发区内，周边为武汉高校最为集中的片区，与鲁巷商业中心不到1.2公里，公共基础设施配套相对完善。北与武汉工程大学相对，南有洪山高中、中南民族大学，西为关西小区以及鲁巷实验小学一分校，东为已建成的金地中心城。基地由荣院路及康泰路划分为四个地块，在雄楚大道上设有公交站点一处，出行相对便利。

规划结构

在解析基地特质和了解方案需求特点的基础上，方案形成了"两核，三区"的规划结构。两核指商业活力核心、社区配套核心。三区指商业办公区、普通住宅区、幼托教育区。

规划布局

方案沿荣院路和康泰路交叉口形成本案的配套服务公共空间，沿北侧近雄楚大道区域形成商业活力公共空间，围绕两个公共空间节点组织各类功能，共形成集中商业区、幼托教育区、普通住宅区三类功能区，共计五个功能组团。规划中一方面考虑武汉当地的气候条件和居民生活习惯，另一方面为了让住户更好地享受阳光和欣赏绿化景观，住宅采用双拼和点式结合的方式，朝向以正南北或顺应地块方向为主，层数以33层为主。

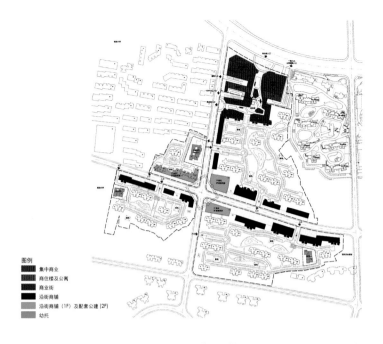

图例
集中商业
商住楼及公寓
商业街
沿街商铺
沿街商铺（1F）及配套公建（2F）
幼托

商业办公地块组成内容主要为5F商业街、3F苏果超市、4F苏宁电器及影院，结合19F商住楼、29F公寓，形成本案北侧临近雄楚大道的地标群落。

道路交通系统

住区内部道路形式采用环路为主的形式，在加强各组团相互贯连和便利内外交通的同时，强调人车分流，以保证小区的安全、安静。车辆进入住区后由主路直接进入区内的地下车库，使区内成为日常无车辆通行的纯步区域，为住户提供安全而休闲的居住环境。

主路和区内主要步行道可通行消防车，步行道使用无障碍园林式隐性车道。

住区内部步行系统层次分明、便捷贯通，与各组团人口形成良好的连接关系，并兼顾了日常行人、必要时通车的机动性。

建筑入口处规划均设置残疾人坡道，实现小区无障碍设计。

竖向设计

现状地形较为复杂，规划在尊重原有地形的基础上，对地形进行适当填挖，使基地内部地块标高略高于外部城市道路，形成内高外低的地形，以增大地库回填土方、减少挖方外运土方，同时增大排水的便利性。

道路整体较为平缓，道路纵坡控制在3%以下，人行道比道路路缘石高l00～200mm。

图例
商业办公区
居住生活区
幼托配套区
配套服务核心
商业活力核心

图例
绿化景观轴
小区中心绿化
组团绿化空间
视线通廊

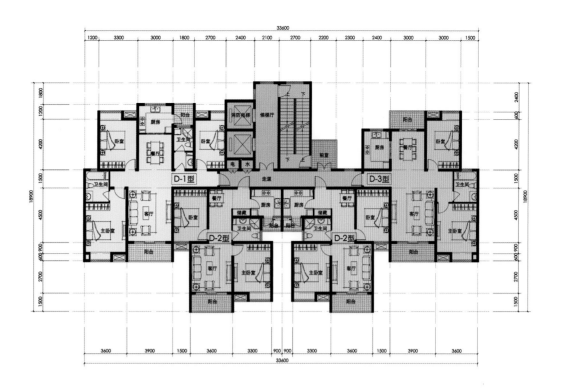

房型号	房型	套内面积（m²）	公摊面积（m²）	建筑面积（m²）	面积范围（m²）	得房率
D-1型	三室两厅两卫	110.05	22.69	132.73	120-130	82.91%
D-2型	两室两厅一卫	73.00	15.05	88.04	80-90	82.91%
D-3型	两室两厅两卫	90.88	18.74	109.61	90-110	82.91%
合 计	------	346.91	71.52	418.43	------	82.91%

房型号	房型	套内面积（m²）	公摊面积（m²）	建筑面积（m²）	面积范围（m²）	得房率
C-1型	三室两厅两卫	110.53	19.19	129.71	120-130	85.21%
C-2型	两室两厅一卫	75.13	13.04	88.17	80-90	85.21%
C-3型	三室两厅一卫	92.50	16.06	108.56	90-110	85.21%
C-4型	两室两厅一卫	75.67	13.14	88.81	80-90	85.21%
合 计	------	428.95	74.46	503.41	------	85.21%

浦江 颐城—尚院

项目名称：浦江颐城—尚院
设计单位：上海市建工设计研究院有限公司
　　　　　夏恩尼曦（上海）建筑设计事务所有限公司

技术经济指标
用地面积：83100m²
总建筑面积：155312m²
容积率：1.07
绿地率：39.70%
总户数：584户
停车位：687辆

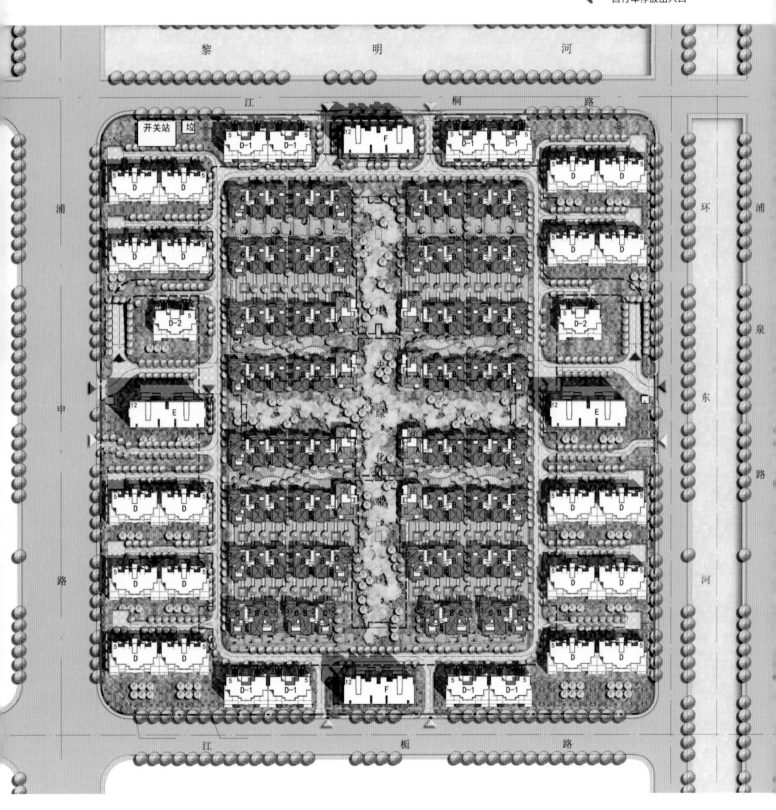

小区的总体规划遵从意大利格里高蒂事务所设计的浦江镇中心区2.6平方公里总体规划，体现了意大利的城市建筑风貌。地块内住宅建筑共52幢，沿网格状轴线对称布置，其中11~12层小高层住宅4幢，5层多层住宅16幢，2~3层联排主或场住宅32幢。地块内景观环境设计也与整个浦江镇中心区2.6平方公里规划相契合，不仅体现了意大利住宅区的风貌，也充分考虑了适应本地居民的生活环境。

浦江颐城—尚院位于浦江镇中心区2.6平方公里规划范围的东部，江桐路以南，江栀路以北，浦申路以东，浦泉路以西所围合的区域。用地面积83100平方米。地上计容积率总建筑面积约88892.05平方米，容积率1.07。

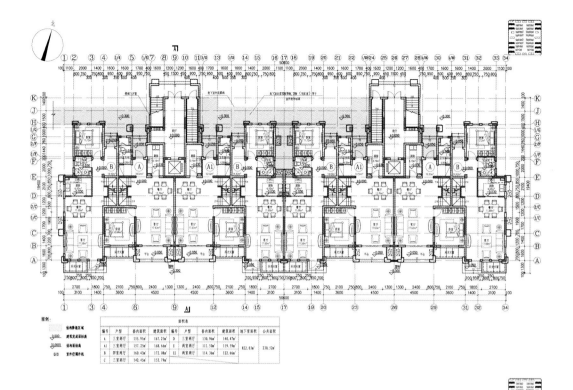

首层平面图

面积表								
编号	户型	套内面积	建筑面积	编号	户型	套内面积	建筑面积	地下室面积	公共面积
A	三室两厅	155.91m²	167.23m²	D	三室两厅	138.96m²	140.47m²		
A1	三室两厅	157.25m²	168.66m²	D1	两室两厅	111.50m²	119.59m²	822.61m²	236.52m²
B	四室两厅	160.43m²	172.08m²	E1	两室两厅	114.36m²	122.66m²		
C	三室两厅	142.45m²	152.79m²						

图例:
结构降板区域
建筑完成面标高
结构面标高
室外空调外机

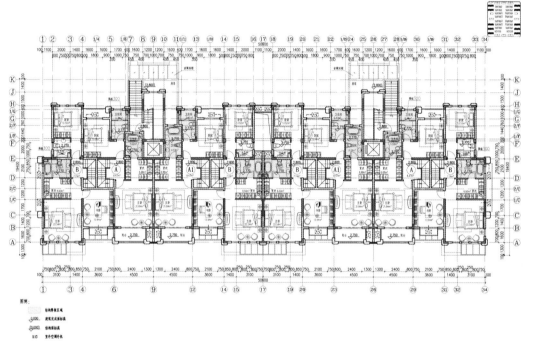

二层平面图

图例:
结构降板区域
建筑完成面标高
结构面标高
室外空调外机

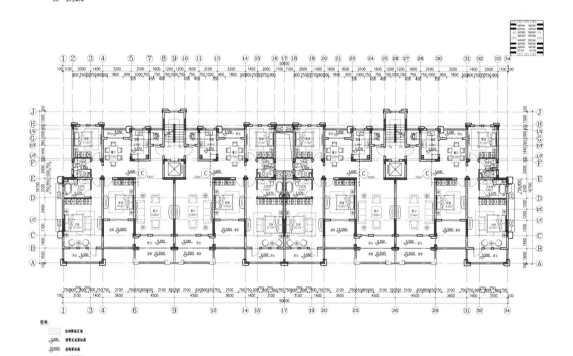

三层平面图

图例:
结构降板区域
建筑完成面标高
结构面标高
室外空调外机

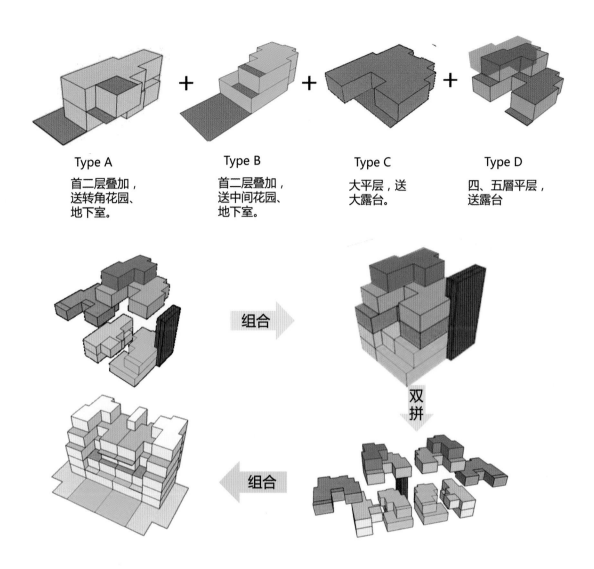

Type A
首二层叠加，
送转角花园、
地下室。

Type B
首二层叠加，
送中间花园、
地下室。

Type C
大平层，送
大露台。

Type D
四、五層平层，
送露台

建筑单体中，类独栋别墅的设计是一大亮点，套型拼接单元以3户为一个完整的建筑单体，每户面宽10米，在户型拼接的构思中置入了中庭、露台、绿化等元素，除了解决传统联排住宅平面中小面宽大进深所带来的通风采光不足的缺憾，设计更着重与室内外空间的流动及南向阳光的引入。

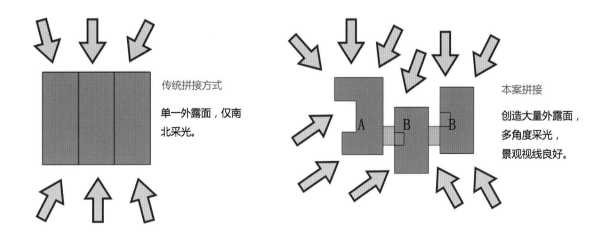

传统拼接方式

单一外露面，仅南北采光。

本案拼接

创造大量外露面，多角度采光，景观视线良好。

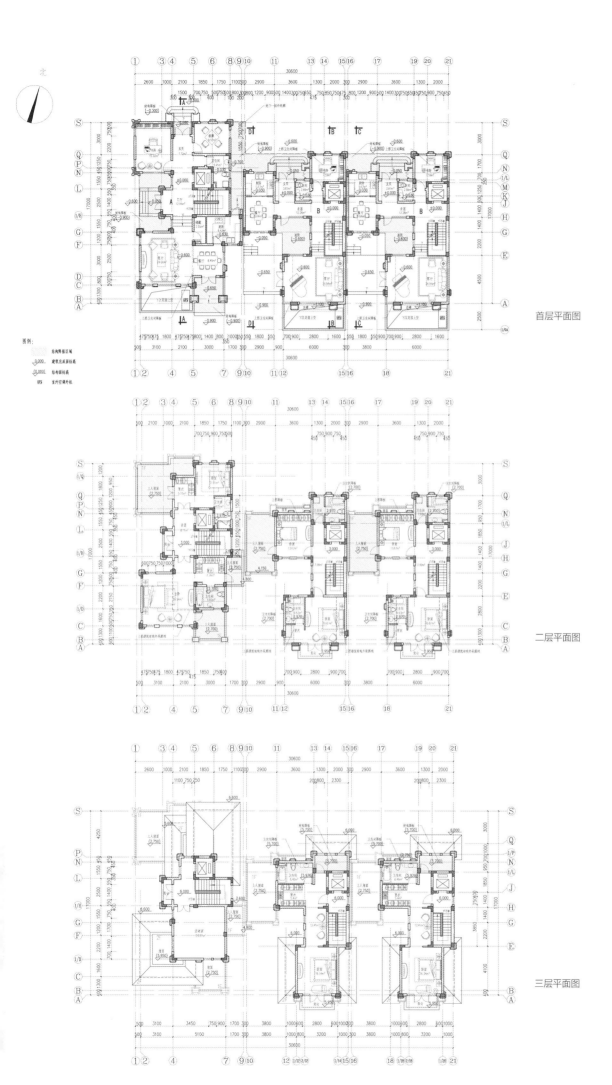

首层平面图

二层平面图

三层平面图

图例：
结构降板区域
±0.000 建筑完成面标高
(±0.000) 结构面标高
AC 室外空调外机

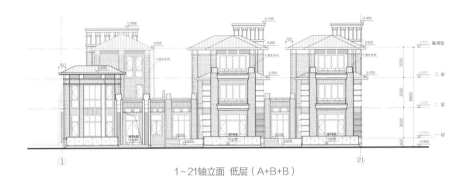

1~21轴立面 低层（A+B+B）

安宁 创佳金色理想

项目名称：安宁创佳金色理想
开发单位：安宁创佳房地产开发有限公司
设计单位：香港华艺设计顾问（深圳）有限公司

技术经济指标
用地面积：80612.89㎡
总建筑面积：411731.72㎡
容积率：3.51
绿地率：40.1%
总户数：2922户
停车位：2805辆

区位分析

项目用地位于富安路与景兴路之间，西临大屯西路。西面有宁湖，相距用地0.7公里，南面是市实验小学，东面有医院与幼儿园，区位条件优越。

总体布局

1、方案特色构思

设计基于对现状的分析，利用商业街将基地分成南北两块，住宅设置在外围，在两块地块中间围合营造大花园，形成两个大组团。组团外围布置商铺，结合内部开辟的商业街，能够充分发挥地区优势，充分挖掘商业价值。

2、建筑布局

规划小区总建筑面积为411731.72平方米，其中计容积率面积为282744.88平方米,小区为高层社区。高层部分共14栋20个单元，将基地分为两个组团。

本项目南侧沿路建筑设计为29层，其余全部为31层，形成南低北高的整体布局。整个住宅布局共分为南侧，北侧二个组团，南侧组团为6栋9单元一梯五户型和1栋复式楼组成，北侧组团则有6栋9单元一梯五户型和1栋复式楼。整个小区布局合理，统一中不失变化与灵动，很好地形成统一完整的楼盘形象，对土地的利用也是最为充分的。

充分挖掘商业价值，综合基地分析，在南北组团之间形成一条商业内街，扩大商业的沿街面。商铺主要以一层为主，在主要的沿街面及节点处设置两层商铺，使整个沿街面统一不乏变化。

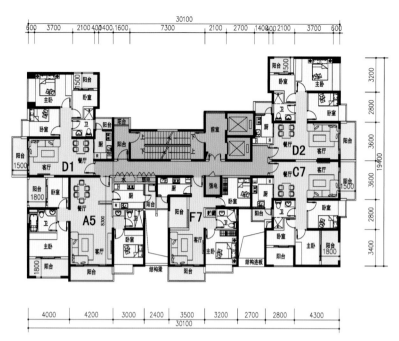

"一"字型户型平面图

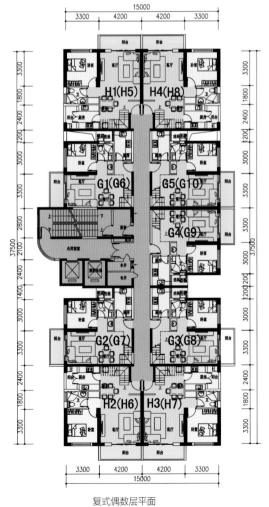

复式偶数层平面

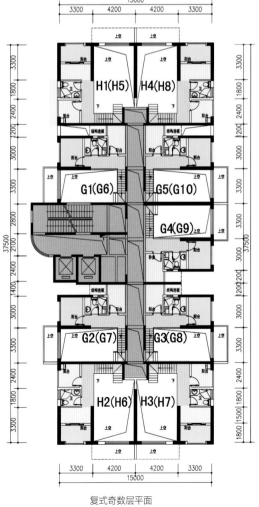

复式奇数层平面

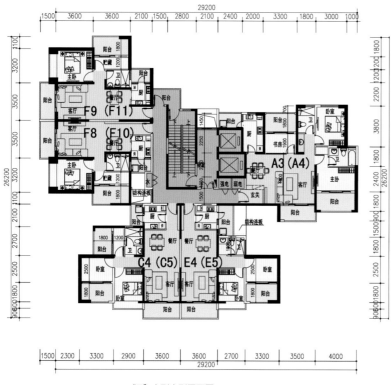

"T"字型户型平面图

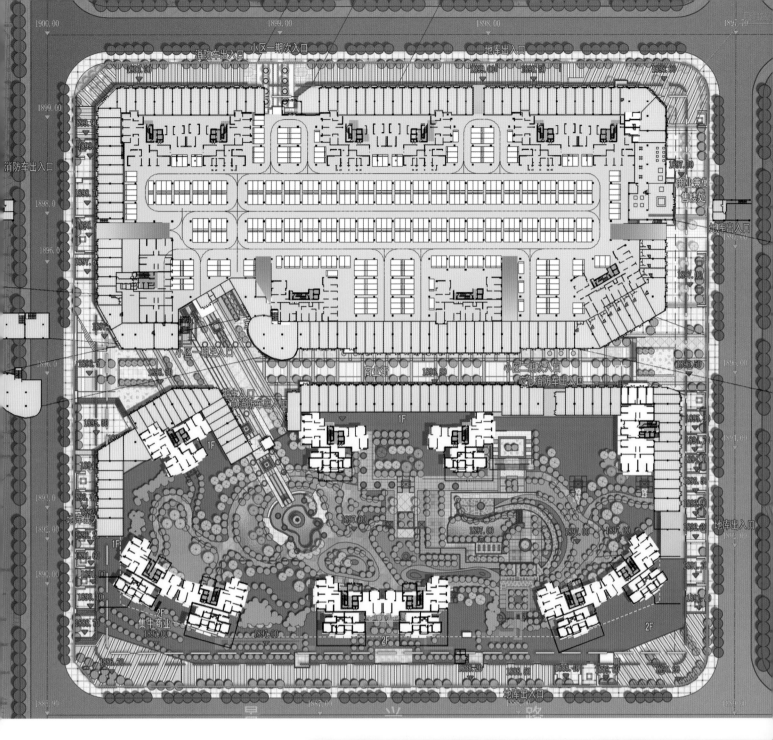

绿地系统规划

本项目绿地系统由宅旁绿地、公共绿地、底商附属绿地等构成，绿地率40.1%。吸取了传统中国园林的设计手法，结合室外铺地、绿化，以跌水为中心景观，并配合丰富多彩的景观节点，将水体、绿地、树木、铺地等交错布局，创造出一个多层次的休闲场所，使庭院的感觉虚化，增加了空间的尺度感，并通过人性化的设计使惊喜无处不在。

深圳 淘金山湖景花园（二期）

项目名称：深圳淘金山湖景花园(二期)
开发单位：深圳市金地利投资有限公司
设计单位：香港华艺设计顾问（深圳）有限公司

技术经济指标
用地面积：99053.43m²
总建筑面积：300294.65m²
容积率：2.34
总户数：2158户
停车位：1574辆

地块概述

淘金山·湖景花园位于深圳市罗湖区东湖水库居住区，沙湾公路及东湖水库西北面，紧邻翡翠园·山湖居居住小区东面。小区南面为旧二线路经整改扩宽后的小区私家路，其东南接沙湾公路，西南接东晓路北端。项目地块形状不规则，地块与山体自然交错有致，从南到北坡度逐渐升高。二期用地位于本项目一期北部，占地约9.9公顷，场地东、西、北三面环山，南面紧接一期用地。场地内部地形变化复杂，自然落差将近30米。由于地块三面环山，一面紧邻一期中心开放空间并可远眺东湖水库，拥有丰富的自然生态景观。

规划总体布局和设计理念

14栋30~31层的高层住宅沿地块周边布置呈大围合式布局，倚山而立充分利用山景资源。同时营造出大面积的园景，与一期园景连通，延续一期景观轴线，使一、二期公共开放空间融为一体。低层住宅组团位于场地西南部，增加了小区的空间层次，同时，自身也构成了二期园景的一部分。

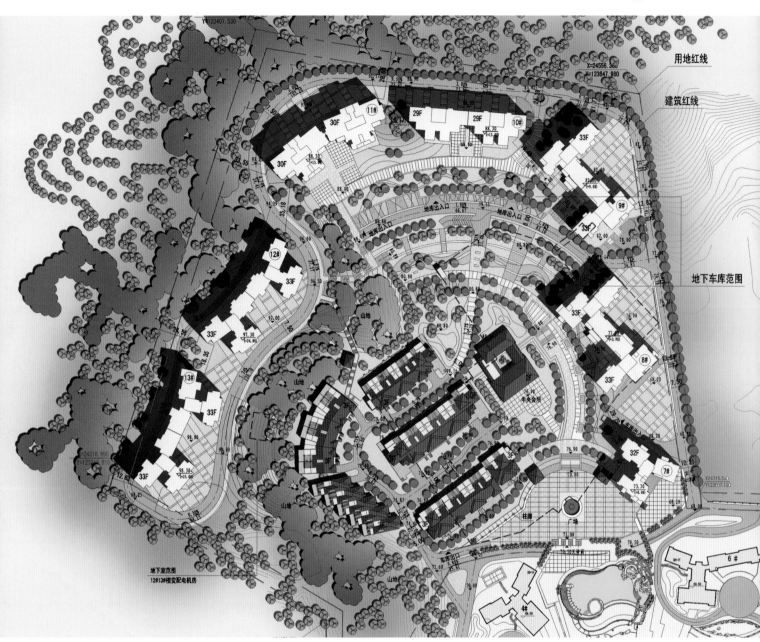

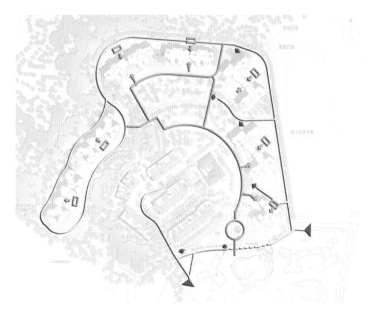

场地概况

该基地地形为山地，现状北、西及西南方向三面环山，现状地形东侧为山地较平缓之处，绝对标高在68米左右，南侧为已建好的一期用地，一、二期用地衔接处一期现状道路的设计绝对标高为68.00～69.05米，用地中部偏东北一侧为两个山坡之间缓坡地带，由四个台地组成。最低处台地高程67.00～68.00米；第二个台地高程69.00～73.00米，部分为填土区；第三个台地高程为76.00～80.00米，部分为填土区；第四个台地高程在88.00—89.00米之间。用地西南处为一东向自然山坡，自然坡度较陡，坡度值为15%～63%之间，局部山坡不适于建筑，山坡

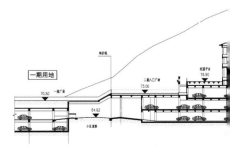

场地剖面图

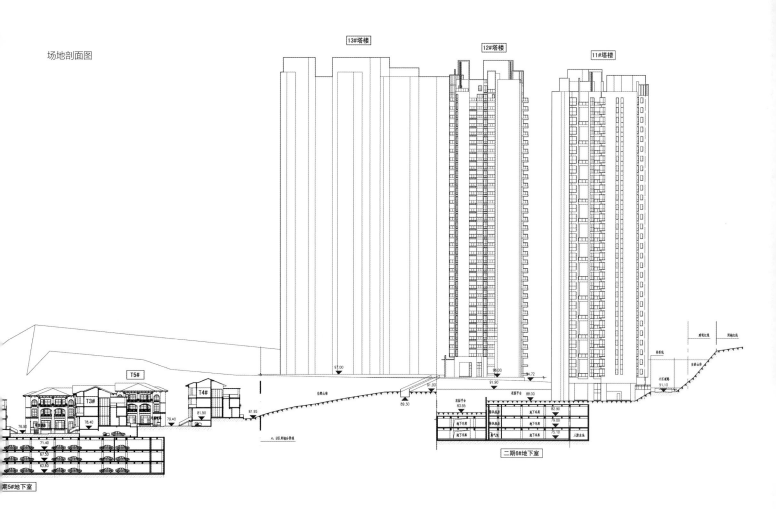

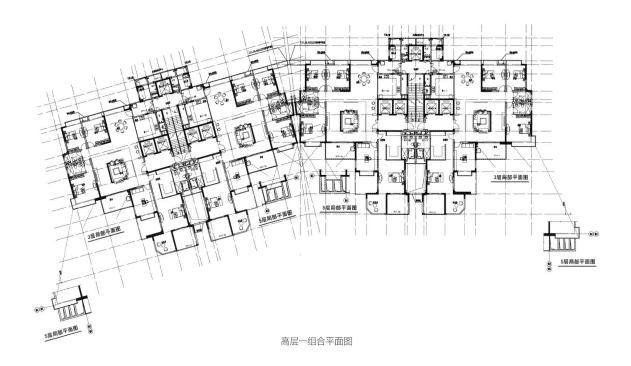

高层一组合平面图

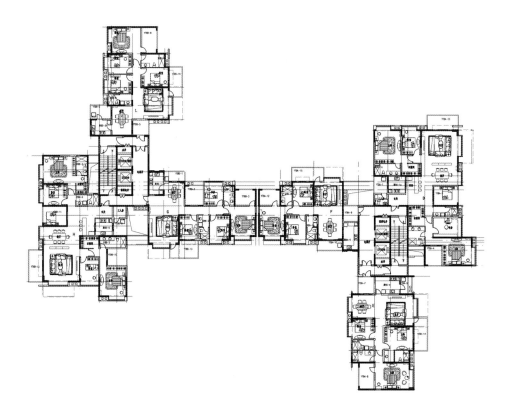

高层三组合平面图

高层二标准平面图

中部有两处较小的自然缓坡，高程分别为77.00米和97.00米。

地库设计

车库设计注重高效与便捷，结合场地竖向的台地标高，在各个不同的台平标高上均设计了地库的出入口，各个车库单元通过内外围环路出入，内部通过坡道相连通。

嘉兴 万达广场

项目名称：嘉兴万达广场
开发单位：嘉兴万达广场投资有限公司
设计单位：中国建筑设计研究院集团 中旭建筑设计有限责任公司

技术经济指标
用地面积：98400m²
总建筑面积：391106m²
容积率：3.16%
绿地率：35.2 %
总户数：2553 户
停车位：2383 辆

工程概况

嘉兴万达广场位于嘉兴市南湖区广益路与庆丰路交口。万达广场总规划用地面积17.9公顷，用地分为3个地块4个组团（本次暂定A、B、C、D区，以便区分）。A区为"公寓"及其底商或酒吧街；B区为购物中心及外街（酒吧街）；C、D区为C版精装住宅及其底商。

本次设计内容为C、D区可售物业：总用地面积9.84公顷。规划总建筑面积39.11万平米，其中住宅地上建筑面积28.16万平米，地下建筑面积7.99万平米，地上底商建筑面积2.7万平米。

本次设计场地北侧与东侧以河为傍，基地自然环境优越，风景优美；基地周边地表植被良好，四面视野开阔。

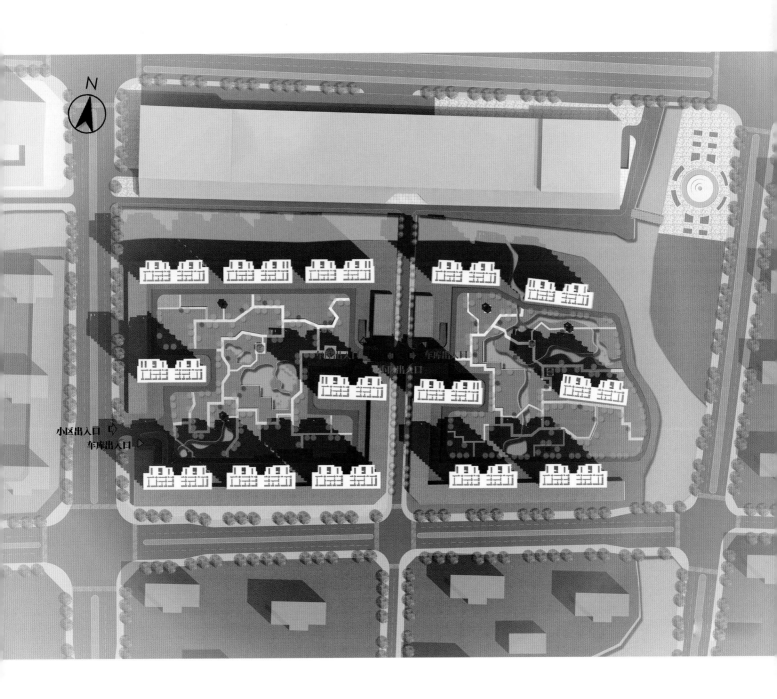

规划形态

由于嘉兴的独特的地理位置，设计通过对当前住宅建筑规划的研究和反思，提出向江南传统居住文化学习，营造诗意的园林生活，提出打造都市中的江南立体园林的规划理念，创造都市于自然共存空间。

在都市中江南立体园林的理念下，规划形态运用中国古代江南造园手法，园林及住宅空间选择以多宝阁为布局与人与自然合一的诗意居住理念相吻合。自然被阁的空间水平与垂直的方式被建筑珍藏，大小空间的组合构成了园林的不同的自然意境和住区内立体的园林空间。城市景观透过立体的"缝"渗入到小区内，构架出开放的园林空间结构体系。

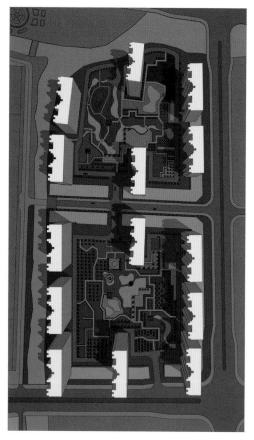

建筑

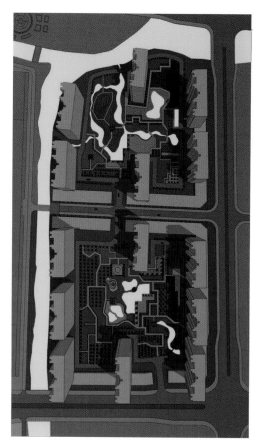

水系

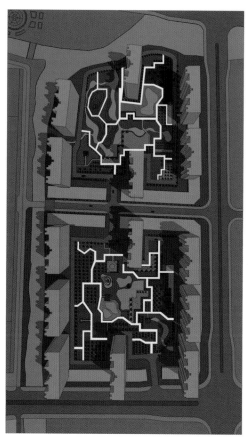

步行道路

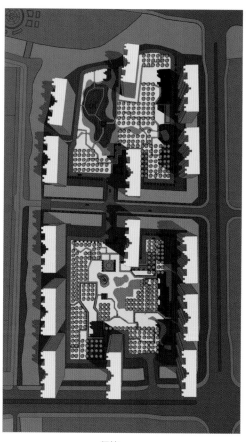

绿植

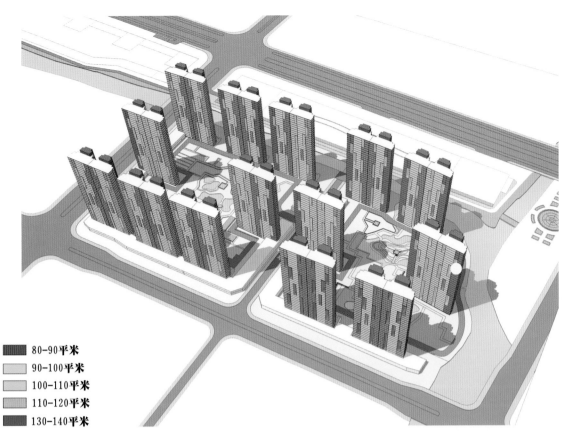

	80-90平米
	90-100平米
	100-110平米
	110-120平米
	130-140平米

建筑立面设计说明

建筑的立面形式语言来源于传统江南民居建筑对水平线条的强调。水平意味着延伸，向自然延伸，开放地展开生活，与中国传统的居住及园林空间强调水平方向的展开也是不谋而合。水平线条的运用也使高层建筑的体量减弱，建筑更平和，也为人们上下左右邻里之间沟通提高更多可能性。人已被自然围绕！

建筑立面强调白色纯净的水平线条，通过多宝格的空间形式将其切分出错落的空中园林，并种植各种绿植，使得纯净的空间与大自然融为一体。建筑露台后面错落的墙体采用青砖砌筑，古朴典雅，在视觉上

与白色和绿色搭配充满艺术美感，仿佛一幅充满生机的中国山水画。建筑立面巧妙地融合过去与未来、物质与植物、瞬间与永恒。

人们可以尽情享受生活所带来的无穷韵味。

坚持每一户都要有院落，都能种植某种自己选择的植物，并因植物的不同而能被站在一座100米高的住宅下的人识别，这不是一个简单的住宅设计，而是推动对居住生活的愿望和理想。

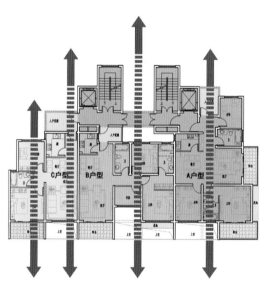

户型对比

140+110+100 户型

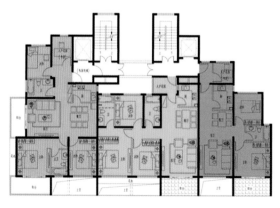

120+110+90 户型

北京 住总万科金域华府

项目名称：北京住总万科金域华府
开发单位：北京住总万科房地产开发有限公司
设计单位：北京市住宅建筑设计研究院有限公司

技术经济指标
用地面积：8.7193hm²
总建筑面积：252437m²
容积率：2.8
绿地率：34%
总户数：2129户
停车位：1562辆

便捷的公共交通

项目用地距城15千米，西倚八达岭高速，东接
机场快速路，南侧十里长街成为两条高速路的
纽带。紧邻未来地铁8号线西三旗站，13号线
回龙观站、霍营站。主要出行干道有八达岭高
速、安立路及林萃路。

26F
H=74.4m

16F
H=46.0m

26F
H=80.0m

18F
H=52.0m

N

028-1#
住宅
28F/2B
H=80.0m

028-2#
住宅
28F/2B
H=80.0m

028-3#
住宅
28F/2B
H=80.0m

2F
H=10.0m

028-10#
商业及其它配套

停车楼208辆

停车楼40辆

虚线表示地下室范围
（无覆土绿化）

27F
H=77.2m

车行、人行出入口

D28-4# 28F/2B
住宅 H=80.0m

028-6# 28F/2B
住宅 H=80.0m

停车楼96辆

028-7#
住宅
28F/2B
H=80.0m

车行、人行出入口

地下车库出入口

028-12#
地下车库
停车200辆
（覆土绿化1.5米）

地下车库出入口

幼儿园出入口

028-5#
住宅
28F/2B
H=80.0m

停车楼9辆

H=60

2F
H=10.0m
3F
H=14.0m

028-11#
幼儿园

虚线表示地下车库范围

028-8#
住宅
26F/2B
H=74.4m

028-9#
住宅
28F/2B
H=80.0m

028-13#
地下锅炉房
（覆土绿化1.5米）

锅炉房地进

停车楼224辆

停车楼回车场

28F
H=80.0m

28F
H=80.0m

周边环境分析

以绿色连接生活为规划设计的出发点，充分考虑人的生活需求与绿色的关系、社区的空间结构与景观的关系、路网的使用功能与环境的关系，将绿色引入整个社区。倡导社区与自然的融合渗透，营造充满阳光和绿色的现代社区，创造丰富动人的生活场景，个性化空间。由于周边地块均为正在建设的保障性住房项目，且密度较大，南侧地块住宅楼阴影严重侵入本地块，给本工程的规划设计造成先天的困难。

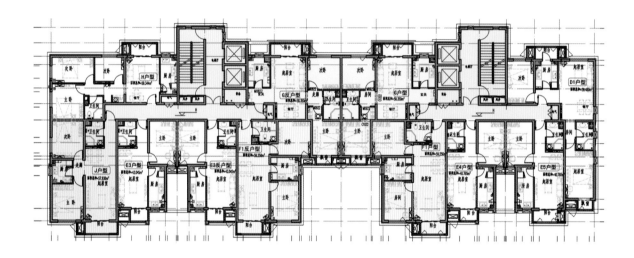

5#楼标准层平面图

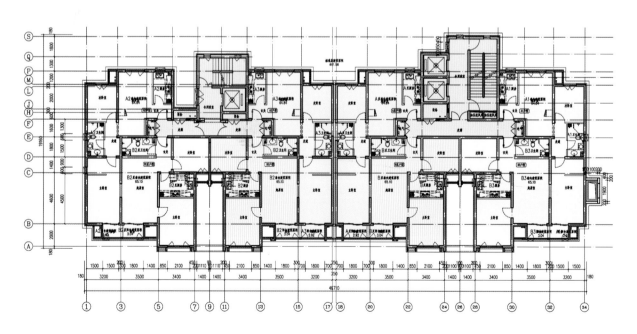

1#楼标准层平面图

基于以上特点，形成社区独特的"双核"空间规划及景观设计。以南北两个组团绿地作为整个社区的绿色引擎，围绕"双核"错落有致的布置建筑，使建筑与景观有机的结合在一起。住宅楼最大南北间距130米左右，彰显出高档的居住品质。同时保证了本工程区内及周边地块住宅的日照条件均得到最大改善。

同时"双核"也作为社区的"绿肺"，为居住在此的人们提供着清新的空气和优美的环境。

临城　岐山湖国际岛

项目名称：临城岐山湖国际岛
开发单位：临城岐山湖蓝天庄园农林开发有限公司
设计单位：北京东方华脉工程设计有限公司

技术经济指标
用地面积：382046m²
总建筑面积：141806m²
容积率：0.32

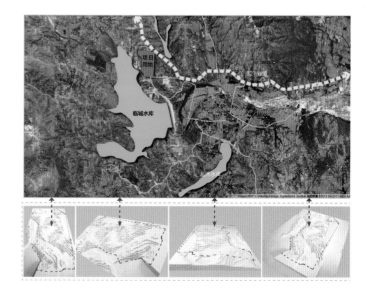

水塔

鱼池

鱼池

鱼池

鱼池

信号塔

N

0 10 25   50   100

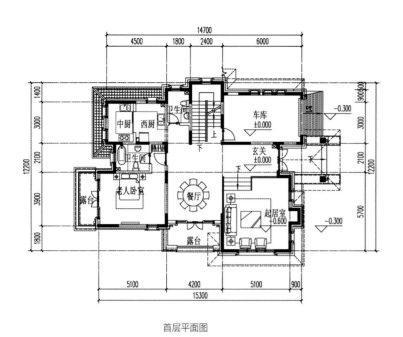

首层平面图

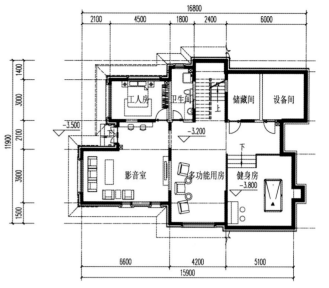

地下一层平面图

二层平面图

规划范围

1、区域位置

规划项目所在地位于河北省邢台市临城县岐山湖东北岸。

2、用地现状概述

现状用地在周边众多丘陵地中相对平坦，海拔高度在117～165米之间。规划地块内部有两条雨水冲刷形成的沟谷，南北方向贯穿规划区域，并从地块西南侧进入岐山湖。地块周边山峦起伏，高低错落，山石突兀。用地范围内以次生林、灌木、草皮为主，景观性植被较少。

地理位置与历史背景

临城县地处太行山东麓，河北省西南部，北距北京市350公里、省会石家庄市78公里，南距邢台市54公里。京广铁路、京珠高速、107国道切境而过。全县总人口19.6万人总面积797平方公里(119.5万亩)，其中山区、丘陵、平原分别占总面积的35.4%、49.8%和14.8%。巍峨葱郁的太行山，蕴藏着丰富的自然资源和物质财富。秀丽的山，清凌的水，山水相连，浑然天成地构成一个"秀"字。全县水资源丰富。岐山湖，又名临城水库，位于邢台市临城县。湖水清澈无污染，水质达国标二级。该湖具有水面开阔，湖岸线长的特点。

岐山湖景区距峥山白云洞西南2.5公里。湖水一碧如洗，平静清澈，与远山互映，构成绿水青山的画面。湖的西北端，水漫潭林，树在水中长，水在林中流，船在树中游，意境优美独特。更兼有鲜美丰富的水产资源。金秋时节，常有野鸭栖落飞翔，别有一番野趣。配套设施有：大型游乐设施"激流勇进"、商周古城、鸳鸯茅舍、中国名塔园等，是度假、游泳、垂钓、戏水、游乐等综合性游乐场所。

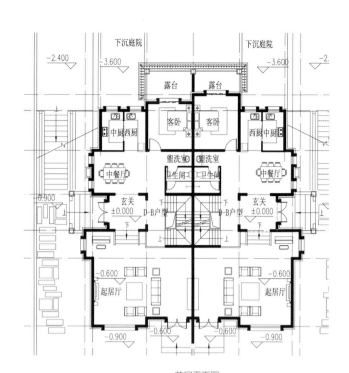

首层平面图

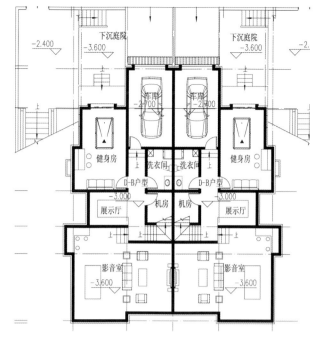

地下一层平面图

二层平面图

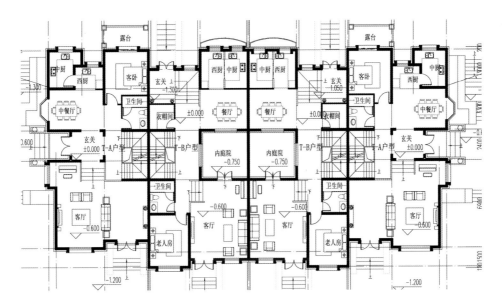

联排北入户首层平面图

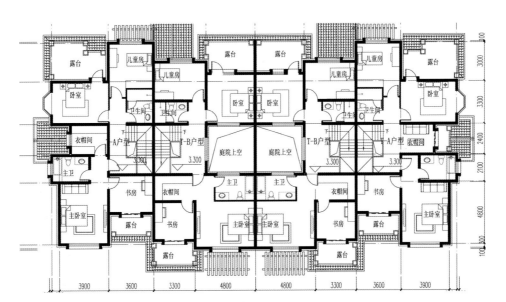

联排北入户二层平面图

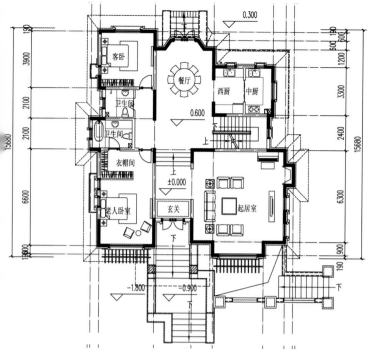

首层平面图

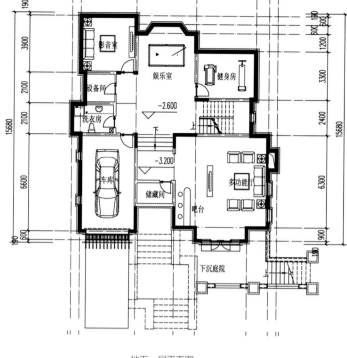

地下一层平面图

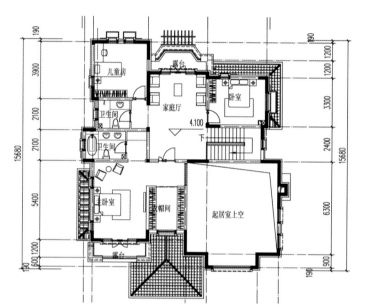

二层平面图

首层平面图

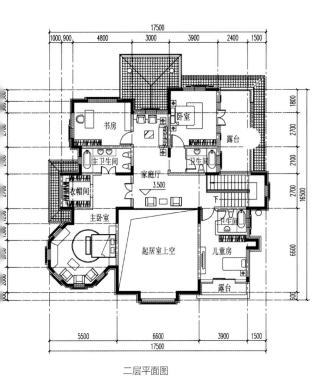

二层平面图

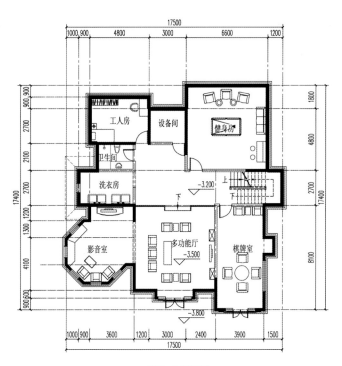

地下一层平面图

惠州 宝安山水龙城

项目名称：惠州宝安山水龙城
开发单位：惠州市宝安房地产开发有限公司
设计单位：深圳市筑博设计股份有限公司

技术经济指标
用地面积：114665m²
计容总建筑面积：229000m²
容积率：2.0
绿地率：35%
总户数：1694 户
停车位：2246 辆

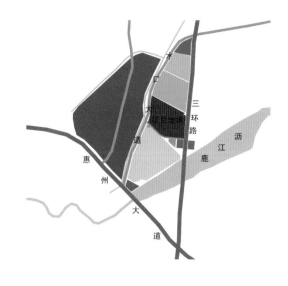

项目背景

区位：山水龙城项目位于惠州市惠城区水口街道办，总占地面
积114665平方米，南邻蓝波湾小区，东临东三环路，西靠水
口大道。

总图说明：
1. 本图依据宗地编号0170132100定位红线位置
2. 场地设计依据甲方提供地形电子版文件
3. 本图内所注尺寸单位均以米计
4. 本图仅表示隐形消防车道,具体环境设计由专业公司完成
5. 图中所注建筑物坐标为外墙角点坐标

图例：

- - - - - 隐形消防车道
H=h 设计标高
⬇️ 场地绝对标高
±0.000 室内设计标高
00 (绝对标高)

总经济技术指标

序号	项目名称		数值	单位
1	规划总用地		114665	M²
2	计容总建筑面积		229000	M²
其中		公建面积	15300	M²
		商业面积	10300	M²
		幼儿园面积	4800	M²
		物管用房面积	200	M²
		住宅建筑面积	213700	M²
3	住宅总户数		1694	户
4	地下车库建筑面积		74000	M²
5	总停车数		2246	辆
其中		地面停车(含幼儿园4个车位)	184	辆
		地下停车	2062	辆
6	建筑层数		1-27	层
7	建筑高度		79.9	M
8	建筑密度		22.6	%
9	绿地率		35	%
10	容积率		2.0	

地下二层轮廓线
地下一层轮廓线

用地红线
低层退线
高层退线

地下一层轮廓线

蓝波湾小区

幼儿园用地地范围线

宝安·山水龙城项目　总平面图 1:500

0　10　20M　40

环境：用地南侧有蓝波湾小区和蓝波湾酒店，西侧为大湖溪农民房，北侧为规划商住用地，东侧与三环路相隔有国际新城和天地源项目规划小区。一公里内只有三个生活小区的社区配套。

规划理念

项目用地分析：用地无明显特点，地形方正、地势略为平缓、用地内与用地周边皆无可保留及利用的自然环境资源（如树木、水域），也无可观赏的自然景观资源。因此要做好本项目的设计，需要依靠理性的分析与推导。

花园城市理论：英国人霍华德1898年在《明日的花园城市》一书中提出花园城市理论，并在英国进行了一系列试点。现代主义大师柯布西耶著名的光辉城市，美国战后的"城市美化运动"都是花园城市这一梦想的延续和发展。

规划设计

1、总体布局

结合周边现状和对项目用地分析，小区主入口设在临近水口大道一侧，高层住宅呈"7"字型布置在用地的北边和东边；低层住宅分布在地块南部，两种住宅产品以中央景观水体隔开。商业建筑布置在主入口的南北两侧。结合地形，高层与低层住宅用地分别架高，形成半地下室景观停车。整个项目产品分布、功能分区及动静分区明确，便于管理和分流。

A栋高层标准层平面图

B栋高层标准层平面图

2、住宅建筑布局

通过对用地价值及周边噪声与环境分析，
高层住宅采用板点结合的形式，围绕用地
北边和东边，争取最有利的景观及日照朝
向，留出最大的景观和花园。低层住宅在
用地南边呈组团式排列，不受日照影响，
有最好的朝向。

3、流线分析

住宅部分，人行主出入口设在水口大道
上，低层区的出入口设在规划六号路上，
分别结合中央景观水体、庭院、中央步行
景观道路形成多个层次丰富的轴线景观节
点。

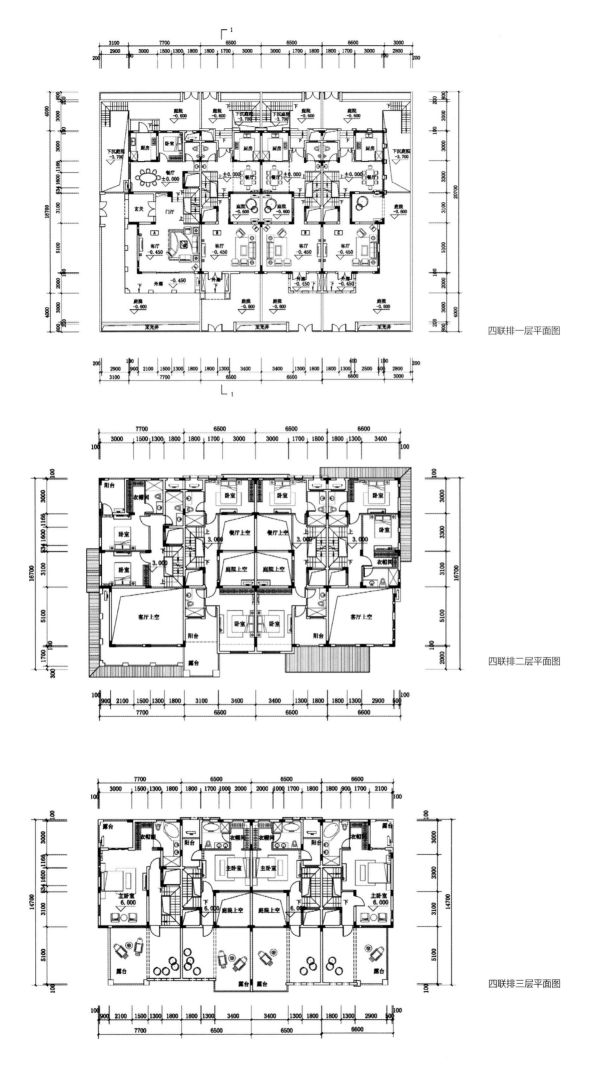

四联排一层平面图

四联排二层平面图

四联排三层平面图

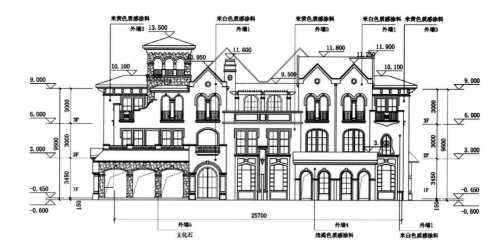

四联排南立面图

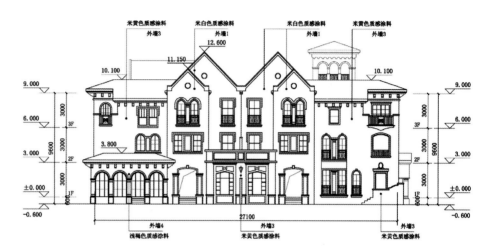

四联排北立面图

中庭内景透视二

龙岩　石粉新村

项目名称：龙岩石粉新村
开发单位：龙岩市土地收储中心
设计单位：福建省建筑设计研究院

技术经济指标
用地面积：A地块：32418.4m² 　B地块：40931.3m²
计容建筑面积：A地块：104496.5m² 　B地块：126887.1m²
容积率：A地块：3.22 　B地块：3.10
绿地率：A地块：41.2% 　B地块：40.1%
总户数：A地块：974户 　B地块：1236户
停车位：A地块：地面：135辆 　地下：922辆 　非机动车：1300辆
　　　　B地块：地面：130辆 　地下：878辆 　非机动车：1200辆

规划原则和总体思想

规划目标：塑造健康宜居的现代住区。本项目旨在满足该地区拆迁安置需求的基础上，为拆迁安置住户提供较高品质的生活与居住空间。

与城市规划的关系

项目用地位于龙岩市新罗区曹溪镇，天马路北侧、五星路东侧，距龙岩新市政大楼2.5公里，交通便利；周边规划有比较成熟的居住区及配套，具有形成宜居社区环境的用地条件。

用地北靠莲花山，东向小溪河，有良好的城市景观空间资源，为规划花园生态小区提供了很好的城市外部环境。

地块特点分析：总建筑面积23.2万平方米，规模适中；地块分南、北两地块，在绿色节能小区的规划上，结合两个地块的中央景观，形成景观视线通廊，并组成良好的通风通道。

基于对场地的分析，在总体规划上，顺应城市规划要求，利用规划道路，组织各组团人车流线，整合各组团的人行流线及出口，在追求交通组织合理化的前提下，使居住及景观活动能串联呼应，以最大程度享受景观资源。充分合理利用街道空间，将分布在各个地块的公共建筑用宜人的街道景观联系起来，使小区既利于管理，又同时有浓郁的居住氛围。在整体形象上：方案沿城市主干道采用点式布局方式，用挺拔的形体来控制天际轮廓线，呼应宏观城市格局，在小区内部采用板点结合的建筑布局，均化并丰富了小区景观。

总平面图 1:1000

方案比较分析

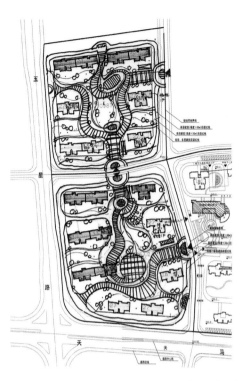

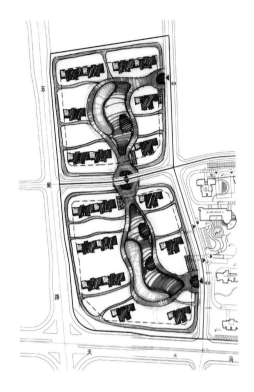

- 优点：布置均好，空间相互联系完整，南高北低较利于通风采光；
- 缺点：B地块西侧连续板楼对通风采光及景观不利，并对中央景观形成压迫。

- 优点：板点结合空间丰富，占地较少；
- 缺点：B地块西侧连续板楼对通风采光及景观不利，并对中央景观形成压迫。

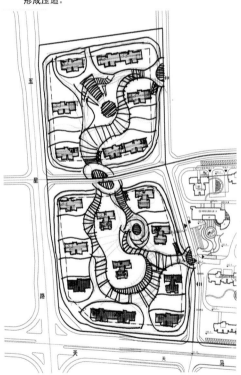

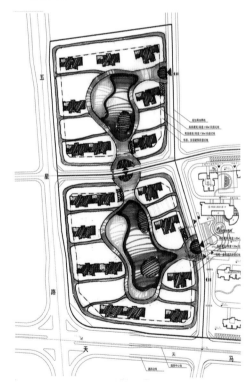

- 优点：A、B地块入口对位关系形成趣味空间，带状景观与团状景观形成对比；
- 缺点：B地块楼与楼之间的相互干扰较大，并难以形成中央景观。

- 优点：板点结合，布置均好，形成较大的中央景观带，户户有景，空间丰富，并形成南北贯通的视线通廊，东南角的点楼较矮有利于优化小区的风环境。

住区空间规划设计

由于地块容积率偏高，为提升小区内的居住品质，降低建筑密度，小区内均为33层高层点式和27层的板式高层，建筑组合以点式为主，结合适量板式，增加居住的均好性、舒适度和空间景观的丰富性。沿城市干道一侧布置点式高层，布置在景观用地一侧；板式的结合，不仅提高了土地的利用率，也形成了板点结合的丰富空间形态，总体布局体现强烈的序列感和空间层次感。

每个组团有良好的中央景观及组团景观，在城市及社区多个层面上形成有机丰富的景观带。

户型布局

本案针对龙岩的气候特点和设计任务对户型的要求，进行了深入的推敲研究。从生态建筑学的原则出发，充分利用自然采光通风等技术手段，降低能耗。根据总体规划方案，将一梯四户点式高层设计于城市干道及中心花园周围，使主要景观面渗透交融，增加前后排住宅的景观观赏面，在南北都有组团花园的地方设计牵手板式，使各户型的景观面达到均好且丰富。

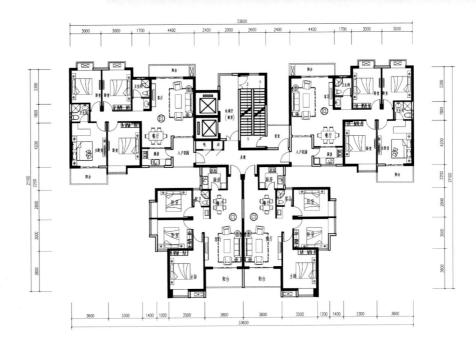

A-2#、A-3#、A-4#、B-1#、B-8#楼2~33层平面图

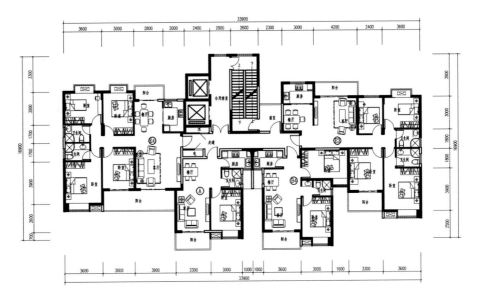

A-6楼2~33层平面图

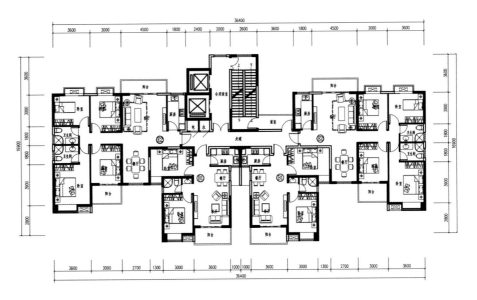

A-5#、B-3#楼2~33层平面图

香港　天晋

项目名称：香港天晋
开发单位：新鸿基地产发展有限公司
设计单位：王董建筑师事务所

技术经济指标

建设用地面积：39990m^2
总建筑面积：346195m^2
容积率：2.002（住宅）　2.740（非住宅）
绿地率：21.5%
居住人数：约3000人
停车位：机动车泊位数：351辆　自行车泊位数：99辆

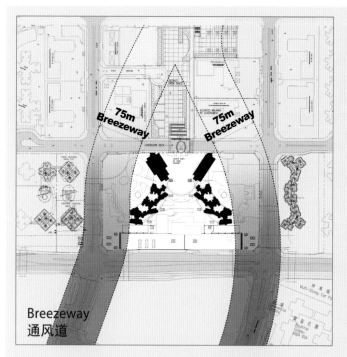

Breezeway
通风道

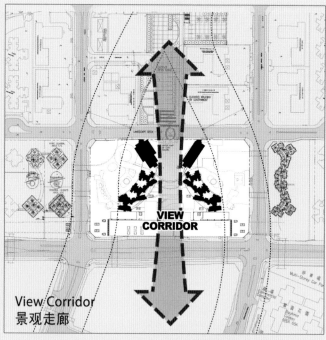

View Corridor
景观走廊

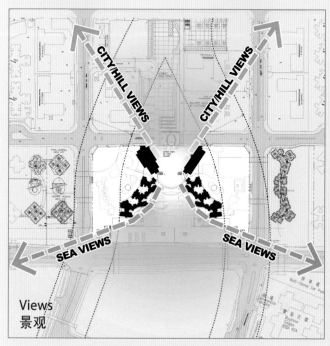

Views
景观

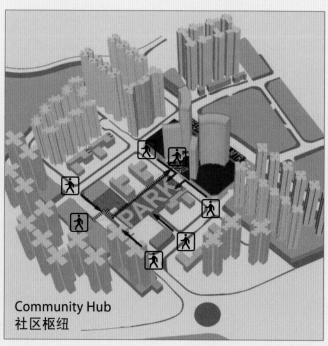

Community Hub
社区枢纽

此发展项目充分代表现今集中及多元化的都市生活特色，当中包括六座住宅、两幢酒店、二万平方米之商场、办公楼、港铁站，交通交汇处，以及超过一万五千平方米之地区公园。建筑师通过设计把这些元素组织成一个与附近环境相配合的有机体。成蝴蝶形的住宅及酒店布局不但确保南北及东西向的通风道，有利于区域性通风，每一单位亦可享有开扬的景观。大量退台的裙楼设计融合绿化平台，化整为零，改善街道气候，有利于日照及通风。此外，设计通过绿化平台将位于一楼之露天广场，连接到毗邻之地区公园，设计新颖，富有特色。此发展项目自完成后，已成为地区性之地标。

住宅低层平面图

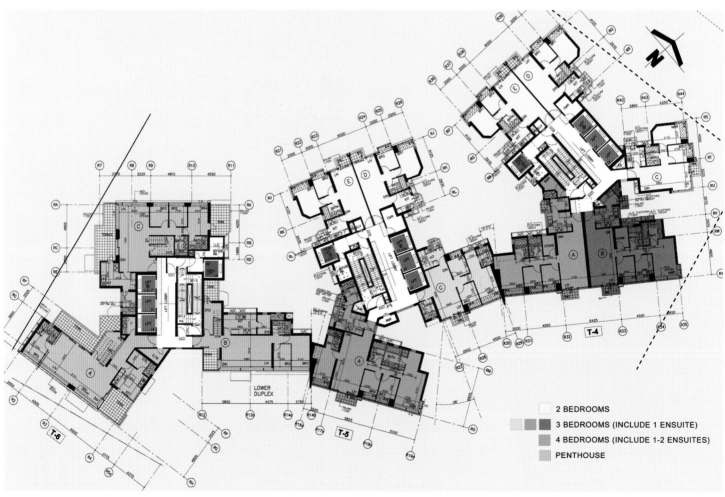

住宅高层平面图

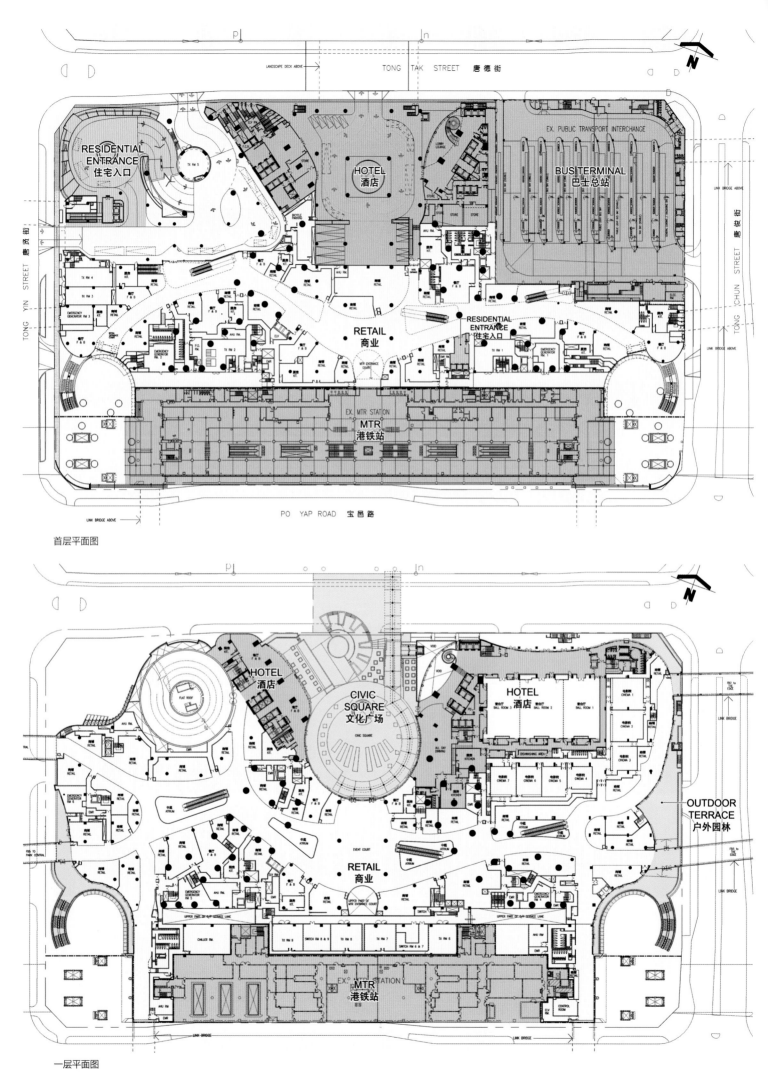

首层平面图

一层平面图

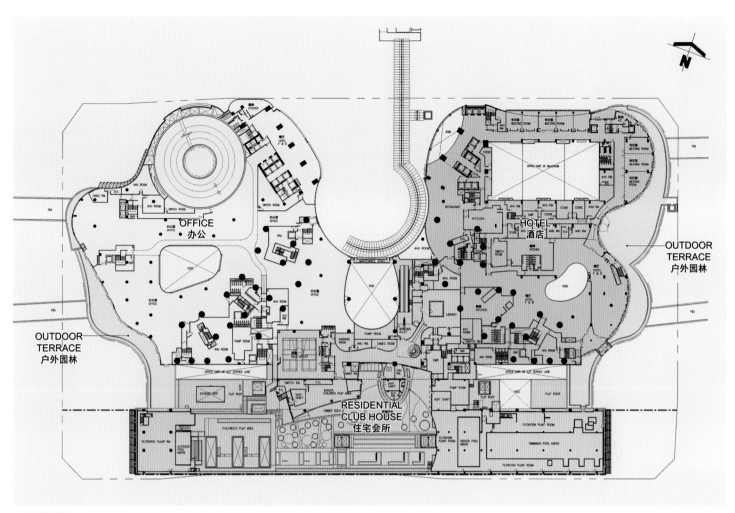

二层平面图

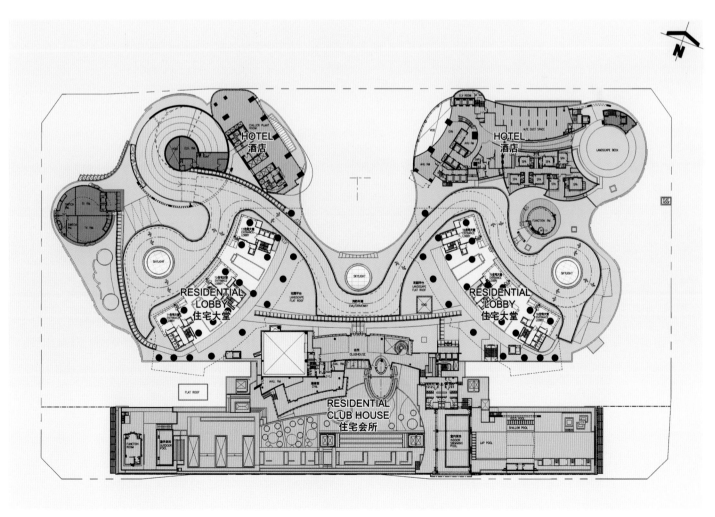

三层平面图

广州 创逸雅苑

项目名称：广州创逸雅苑
设计单位：王董国际有限公司

技术经济指标
用地面积：14754m²
总建筑面积：112020m²
容积率：5.01
绿地率：30%
居住人数：1760人
机动车停车面积：700m²　　非机动车场面积：1374m²

"创逸雅苑"位于广东省广州市天河区天河北路与龙口东路交汇处，为广州市中心区其中一个最繁华地段。本项目用地地块呈长方形，用地面积14754平方米，总建筑面积112020平方米。北面为城市主干道一天河北路，路宽约40米；西面龙口东路，路宽约16米；东面、南面为规划路，路宽分别为16米及7米。用地四周以高层住宅为主，日常生活设施完善，交通四通八达，邻近地铁3号线，几分钟步程便可到达地铁站，为创造一个舒适方便，亲近城市生活的人居环境，提供了有利条件。

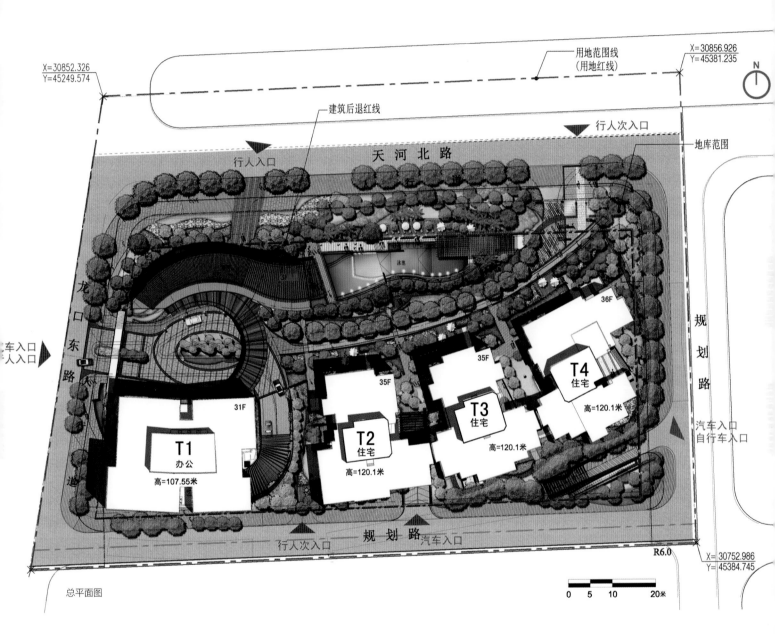

用地范围线
（用地红线）

X=30856.926
Y=45381.235

建筑后退红线

X=30852.326
Y=45249.574

行人次入口

天 河 北 路

行人入口

地库范围

龙
口
东
路

3层

泳池

36F

规
划
路

35F

T4
住宅

31F

35F

T3
住宅

高=120.1米

汽车入口
自行车入口

T1
办公

T2
住宅

高=120.1米

高=120.1米

高=107.55米

高=120.1米

R6.0

行人次入口

规 划 路

汽车入口

X=30752.986
Y=45384.745

总平面图

0　5　10　　　20米

本项目设计以"城市中的度假区"(URBAN RESORT)为主要
设计理念，务求在繁嚣的都市生活当中，缔造出一个犹如度假般
感受的居住环境。

项目由四栋T1～T4栋、31～35层高塔楼及一栋3层高会所组
成，T1栋为31层高的公寓式办公楼，首、二层为商业配套，共
提供336个办公室单元；T2～T4栋为35层高的住宅大楼，合共
提供408个住宅单元；3层高的会所，供住客专用，除提供餐饮

和康乐设施外，通过会所南侧更衣室通道，可直达室外游泳池，享受一个充满热带风情、椰林树影的世外桃源。

塔楼朝北的正立面，采用不规则的线条，创造多个C字型的立面效果，加上外墙饰面的颜色变化，使外观上更富时代感及魅力。

由于用地北面为城市主干道，毗邻南面为小学用地，为避免噪音影响，塔楼建筑群布置在用地的南面，并以弧型布局一字排开，尽量利用土地资源，争取最大采光及景观面，创造一个以竖向空间为主的城市居住模式。塔楼群以自然围合来创造小区花园，结合巧妙的园林绿化设计，使小区内营造出都市中绿洲的灵静自然环境。

用地西北角布置住客会所及T1栋首、二层，设置了少量商业设施，以满足小区居民的日常使用要求。三层高的会所，既可成为小区与天河北路主干道的一道自然分隔，同时也呼应天河北路沿街景观，成为入口一个明显的标记。

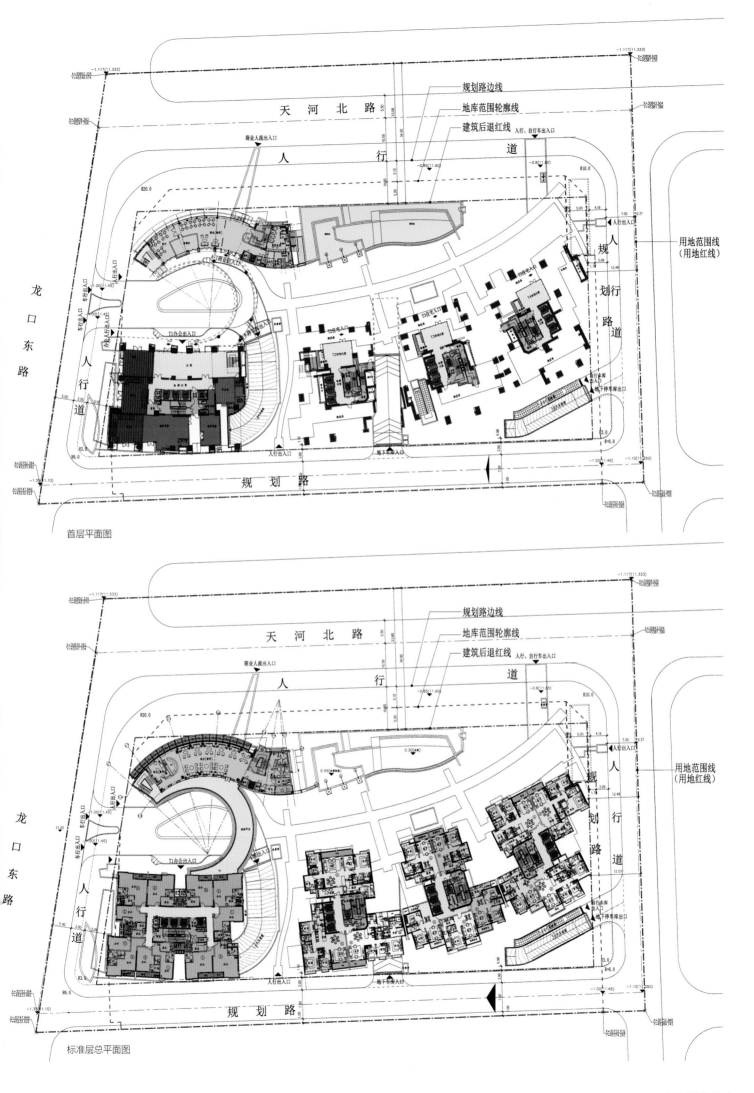

天 河 北 路

规划路边线
地库范围轮廓线
建筑后退红线

商业人流出入口

人 行 道

龙
口
东
路

人
行
道

用地范围线
（用地红线）

规
划
路

首层平面图

天 河 北 路

规划路边线
地库范围轮廓线
建筑后退红线

商业人流出入口

人 行 道

龙
口
东
路

人
行
道

用地范围线
（用地红线）

规
划
路

标准层总平面图

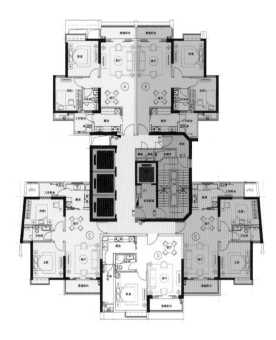

单元面积表:

单元	房数量	阳台,工作阳台及入户花园(平方米)	公摊面积(平方米)	套内面积(平方米)	7090要求面积(平方米)	建筑面积(包括阳台)(平方米)
A	2房2厅2卫	5	24	72	91	96
B	2房2厅2卫	5	24	73	92	97
C	2房2厅2卫	5	23	71	90	94
D	2房1厅1卫	5	19	60	74	79
E	2房2厅2卫	5	23	71	91	96
总建筑面积		25	113	347	438	462
实用率:						75.11%
只公摊CORE实用率:						(79.22%)

T3住宅标准层平面图

单元面积表:

单元	房数量	阳台,工作阳台及入户花园(平方米)	公摊面积(平方米)	套内面积(平方米)	7090要求面积(平方米)	建筑面积(包括阳台)(平方米)
A	2房3厅2卫	6	31	114	139	145
B	2房3厅2卫+书	6	34	125	153	159
C	2房3厅2卫	5	20	72	87	92
D	2房3厅2卫	4	29	106	130	135
总建筑面积	21	114	417	509	531	
实用率:						78.53%
只公摊CORE实用率:						(82.30%)

T4住宅标准层平面图

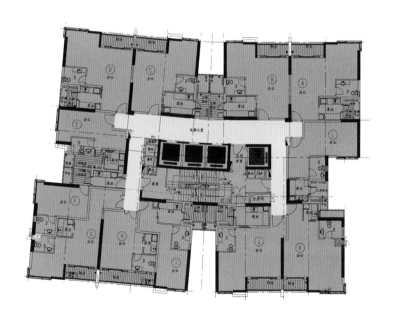

单元面积表:

单元	套内面积	阳台面积	建筑面积
A	49.1	6.3	55.4
B	48.5	7.8	56.3
C	48.4	7.8	56.2
D	49.8	6.4	56.2
E	32.6	4.3	36.9
F	30.9	3.2	34.1
G	45.1	4.1	49.2
H	32	7.1	39.1
I	36.3	4.5	40.8
J	52	10.8	62.8
K	49.6	3.1	52.7
L	40.5	3.5	44.0

T1住宅标准层平面图

南京 紫园

项目名称：南京紫园
开发单位：南京建发华海房地产开发有限公司
设计单位：汉森伯盛国际设计集团 广州伯盛建筑设计事务所

技术经济指标
用地面积：104836m²
总建筑面积：14.40万m²
容积率：1.1%
绿地率：43%
总户数：577户

工程概况

本项目位于南京市栖霞区环陵路99号，北侧为天泓山庄；东面与海军医学院交接，约有600米长；南面与马群原有的商业街隔宁杭路相望；西侧为环陵路，正对全国著名风景区、南京历史人文气息最为浓厚的钟山风景区东南面山麓。拥有得天独厚的生态、景观资源，是本项目最核心的景观资源优势。地块呈"L"形，基本是正南北，南北向约650米，东西向约80～380米。地块内东北高、西南低，大体沿"L"形的拐点向北向和东向逐渐拾高，南北间高差约14～17米，东西间高差约为8米。

项目总用地约104836平方米，净用地面积93871.16平方米，总建筑面积约147339.6平方米，地下室面积约39589平方米。小区共有1栋2层高的会所和32栋住宅，其中包含有10栋低层住宅，14栋多层住宅及8栋中高层住宅。其中叠加别墅23520平方米；情景洋房9720平方米；小高层住宅46800平方米；联排别墅16660平方米；商业4691.56平方米。总共有住宅543户，规划居住人口1737人。地下室负一层，主要为六级人防平战结合车库和设备用房，共设669个停车位。

设计特点

1、总体布局

由于项目最大的资源优势是西侧的钟山风景区，而用地本身也是

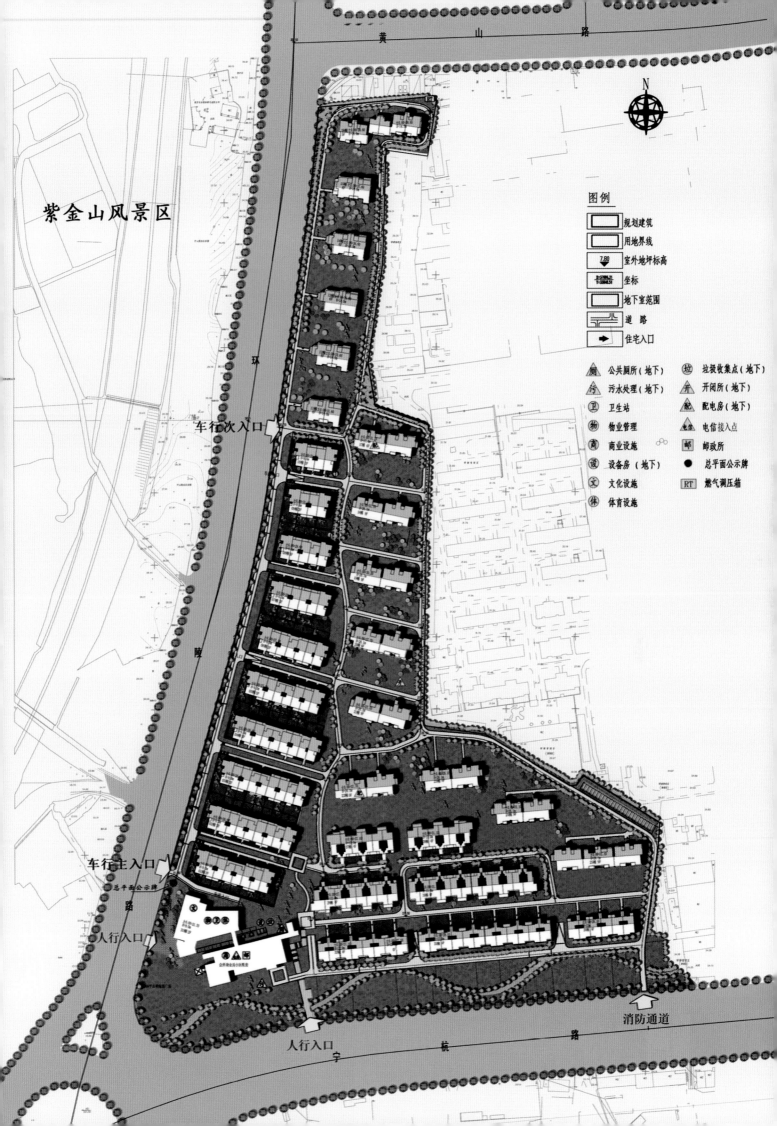

紫金山风景区

黄　山　路

N

图例

規划建筑
用地界线
室外地坪标高
坐标
地下室范围
道路
住宅入口

厕 公共厕所（地下）　　垃 垃圾收集点（地下）
污 污水处理（地下）　　开 开闭所（地下）
卫 卫生站　　　　　　　配 配电房（地下）
物 物业管理　　　　　　电信 电信接入点
商 商业设施　　　　　　邮 邮政所
设 设备房（地下）　　　● 总平面公示牌
文 文化设施　　　　　　RT 燃气调压箱
体 体育设施

车行次入口

车行主入口

总平面公示牌

人行入口

消防通道

人行入口

呈东北高、西南低的天然有利条件。因此，用地西侧布置
3～6层多层住宅，东侧布置9层中高层住宅；南面布置4层
多层住宅，北面布置9层中高层住宅。整体天际线与用地贴
服，自然而不突兀，同时也保证了项目内每栋住宅有最大
的朝向、日照和景观优势，减少建筑之间的互相干扰。

注重居住环境与周边环境的配合，对主要空间节点的景点轴线、组团内环境营造等做出精心设计，展现建筑与自然和谐共处的设计理念。

2、单体设计

项目用地的不规则对建筑布局的限制较大，同时由于建筑物层数较少，占地较多，用地内依靠面积大的绿地来营造景观效果比较困难。所以建筑的本身就变成了景观设计的对象，通过对徽派建筑风格的提炼，采用镂窗、门楼、黛瓦屋顶、檐口、马头墙等传统建筑元素，结合丰富的单体变化和地形的高低错落，使得建筑与山景浑然一体，形成与紫金山浓厚的文化底蕴相匹配的现代徽派建筑风格。

本工程的户型丰富，主要分为联排别墅6种户型、叠加别墅11种户型、山景公寓6种。在设计户型时最大限度地将山景与生活相结合。下沉式庭院、南北双向花园、270度全景飘窗，室内外大尺度渗透共融，是项目户型空间的显著特点。

增城 汇东国际花园

项目名称：增城汇东国际花园
开发单位：广州市合汇房地产有限公司
设计单位：汉森伯盛国际设计集团 广州伯盛建筑设计事务所

技术经济指标
用地面积：28454.6m²
总建筑面积：8.89万m²
容积率：3.0%
绿地率：46.3%
总户数：1828户
停车位：689辆

工程概况

汇东国际花园项目地块位于广州东部的城市副中心——增城市新塘镇，北临67米宽的107国道，背靠蝴蝶岭，远眺凤凰山，地理位置优越。全区项目规划建设用地面积32498.6平方米，由20米宽的规划路分为A、B两区。

A区用地面积21627.4平方米，地上总建筑面积67199平方米，由A1～A6栋6栋高层住宅组成，A2、A3为17层，其余为25～28层。小区北侧为三层商业办公裙房，其余为一层沿街的带商业服务网点及公建配套的裙房。地下层面积21767平方米，为车库及设备用房，车位数573位。A区共有住宅单位680户。

设计理念

本项目所处位置为新塘工业区，周边缺乏大型生活配套设施完整的居住区。

因此本项目以现代社区为理念，构建具有良好生态环境和较高文化品位、适应城市社会基层组织建设要求、方便城市居民生活，

规划总平面图

一期

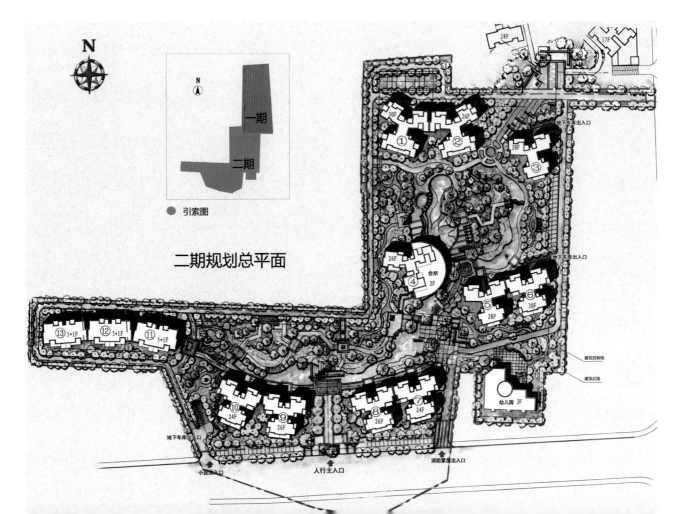

N

一期
二期

引索图

二期规划总平面

并能展现城市特色、城市个性、代表城市未来发展方向的高品位居住区，创建人居样板示范社区。

设计特点

总体布局

设计中追求新城市高品质的居住标准，注重居住环境的品质，关怀居住者的生活习性及日常需求，营造一个亲切宜人的新城居住小区。综合的分析基地周边的地理环境，对建筑的整体布局进行理性的规划。正确利用自然气候对总体规划及建筑物的影响，布置合理的间距以及良好的朝向，以有利于小区内部的自然通风，改善建筑周围的环境。建筑沿用地周边布置，围而不合，利用最大的空间设计小区中心园林，使得建筑有最好的景观朝向。围绕景观中轴，展开局部节点的处理，丰富绿化立体空间。

小区结合周边情况采用周边合围中心点式布局，设计地因地制宜，尽可能拉大建筑间距，使地块中部让出大面积用地来设计中心园林，营造出富有生活气息的住宅小区。小区南侧与B区共用20米规划路处设小区主入口，规划中要求的人车分流，人流经过中央绿化进入各单元。业主在归家途中一路享受园林景观，令人温馨惬意、流连忘返，实现从都市中回归到大自然家的心理过渡。

单体设计

住宅户型依据现代人居的生活习性，结合景观与朝向设计，精心布局。分区合理、平面方正、尺度适宜，有较高的使用率，并利用转角户型的特殊设计，达到最佳朝向与景观效果。大部分厅房朝南和东南或西南，住宅蝶形设计使户型斜向伸展，尽可能保证每户有最大限度的视野朝向中心园林。

本项目以现代新中式为建筑风格，引用传统建筑里中式元素符号，组合具有时代感的现代建筑标识。运用黑、白、灰，点线面的构成手法，避弃繁冗的传统构造，简化构成素材，选用现代材料，把建筑的外墙、飘窗、阳台、百叶、装饰构件有机地协调统一起来，构筑成简约、清新、淡雅的现代高层中式建筑，营造简约东方新人居。空调机位隐藏在装饰百叶后，或结合立面考虑的装饰小阳台上，使功能与造型有机结合在一起，满足住户使用的同时也保证立面设计追求的效果。

首层结合绿化架空层布置住户大堂，与园林充分交融，让小区内部空间更加开放流动，创造出半私家院落的空间感受。住宅厅房宽敞明亮，主要功能房间有大玻璃窗面向景观，视野开阔。每户住宅均明厨明厕，有良好的采光通风。

小区以中式风格的园林设计配合新中式的立面设计体现了东方新人居的楼盘特色，表述了现代城市的居住理念。高品质的居住标准和绿色生态居住环境为居民提供了优质的小区生活。

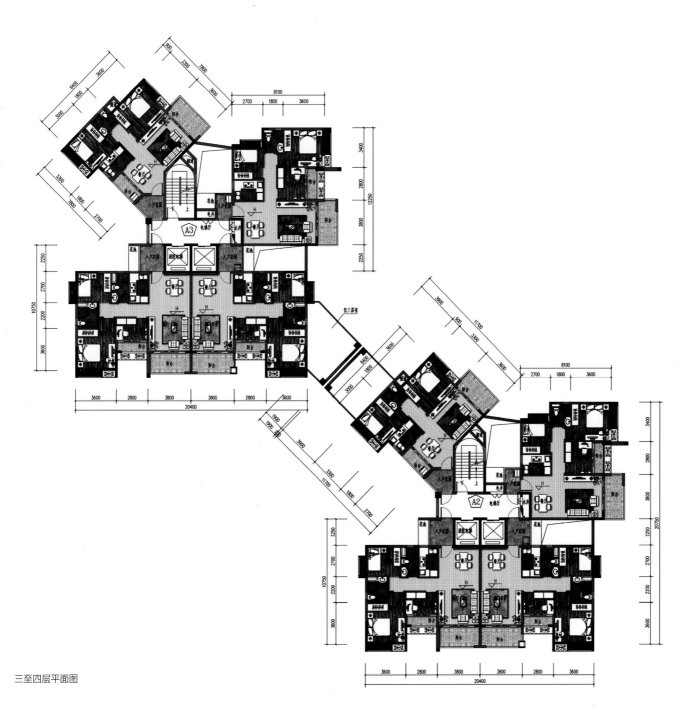

三至四层平面图

上海 紫竹半岛（一期）

项目名称：上海紫竹半岛（一期）
开发单位：上海紫江地产有限公司
设计单位：上海华东发展城建设计（集团）有限公司

技术经济指标
AB区用地面积：194833.99m²
AB区总建筑面积：213578.04m²
容积率：1.1
绿地率：40%
总户数：1474户
停车位：1519辆

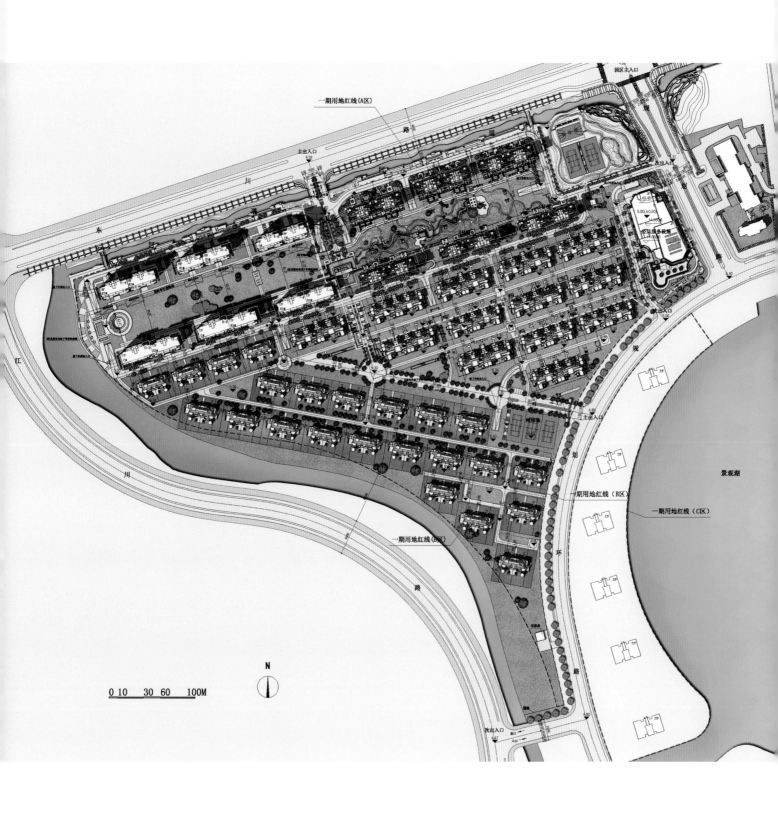

一期用地红线（A区）

路

道

川

主出入口

东

洋

江

川

路

一期用地红线（B区）

一期用地红线（D区）

0 10 30 60 100M

N

园区主入口

次出入口

次出入口

社区服务设施

划

线

主出入口

划

环

路

景观湖

一期用地红线（B区）

一期用地红线（C区）

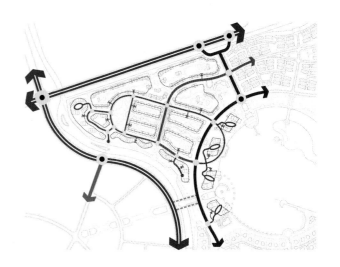

紫竹半岛位于闵行区的南部，两面环绕上海的母亲河黄浦江，风景秀丽，地理环境优越。空运、航运、陆运、铁路均十分发达，是上海紫竹科学园区的三个组成部分之一。其中一期用地位于基地西北角，北靠东川路，西临江川河。拟建内容为多层住宅、高层住宅、配套公建、地下车库及辅助用房。

项目基地内地形平坦，地面自然标高平均为4.2米，基地西侧江川河自北向南汇入黄浦江，设计常水位2.5米。此外，基地内还有众多小支流，用地基本为农田和农民宅基地，并有少量零星的工业企业。

整个小区总体规划规整、紧凑、和谐自然。建筑的整体风格与社区相呼应，三段式的经典比例，精细的细节处理完全体现了古典美的气息。黄色的石材墙面，咖啡色窗框与浅色玻璃的组合，加之精致的花式玻璃幕墙，凸显了会所的高贵典雅，更完美展现了古典的韵味。

总体规划风格要求营造自然绿化景观，实现人与自然的亲近接触，使建筑与景观相得益彰。建筑主入口设置在了建筑的西南角。而主要的步行入口设置在了东向城市道路一侧，设计师以步行交通来减少车辆进出对园区主入口林荫大道的影响。

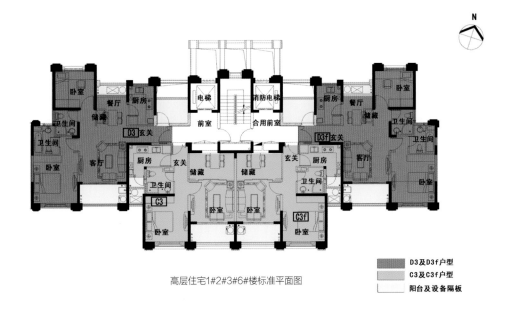

高层住宅1#2#3#6#楼标准平面图

■	D3及D3f户型
■	C3及C3f户型
□	阳台及设备隔板

马鞍山 钟鼎华府

项目名称：马鞍山钟鼎华府
开发单位：中冶置业南京有限公司
设计单位：中冶华天建筑设计院

技术经济指标

用地面积：110822.27m²
总建筑面积：321388.05m²
容积率：2.2
绿地率：43.5%
总户数：1744户
停车位：1590辆

工程概况

马鞍山市钟鼎华府住宅小区位于马鞍山市雨山区，雨山路与湖西路交叉口西南角。地块四周分别是西侧朱然路、北侧雨山路、南至朱然文化公园，规划用地面积110822.27平方米。该地块拟建成由花园洋房、多层、小高层及高层住宅形成的高档住区。

规划设计总体定位构思

"中国风格、现代气质"这是我们首先想到的：简朴的青瓦飞檐，图案分明的门窗，线条明快墙檐，质感真切的栏杆台基……中国民居的淡雅素净之美与现代居住空间的简洁明快之美完美的交融并呈现在我们面前。因此用中国元素向世人传递中国民居文化，实现将传统中国式的居住纳入现代框架的梦想也成了我们设计之初的梦想和追求。

道路系统规划

人车分流：本案的交通规划采取了完全人车分流的交通体系，外环路和大面积的地下车库是实现人车分流的基本保障，车辆沿环路行驶，在外环路结合小区出入口的行驶方向设置了3个7米车库出入口，通过地下车库所有住户均能保证车行至楼栋入户。除环路外，小区内部均规划为景观道路，结合消防要求和庭院景观进行设计，以期达到优质的景观环境。

B户型多层住宅首层平面图

B户型多层住宅二层平面图

户型	B					
	1	1				
外墙总面积	357.51					
套内轴线面积	170.10	170.10	0.00	0.00	0.00	0.00
阳台面积	9.07	6.28	0.00	0.00	0.00	0.00
公摊面积	8.69	8.62	0.00	0.00	0.00	0.00
套型面积	183.32	181.86	0.00	0.00	0.00	0.00
公摊比	4.74%	4.74%	0.00%	0.00%	0.00%	0.00%
单元总面积	365.19					

户型	B					
	2	2				
外墙总面积	312.91					
套内轴线面积	138.28	129.65	0.00	0.00	0.00	0.00
阳台面积	11.91	7.56	0.00	0.00	0.00	0.00
公摊面积	23.37	21.61	0.00	0.00	0.00	0.00
套型面积	167.60	155.04	0.00	0.00	0.00	0.00
公摊比	13.94%	13.94%	0.00%	0.00%	0.00%	0.00%
单元总面积	322.65					

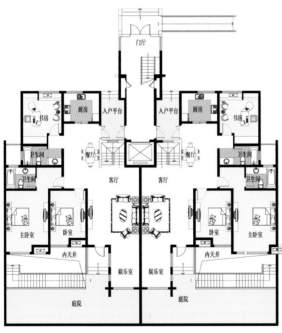

C户型多层住宅首层平面图

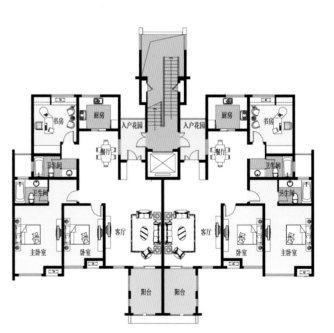

C户型多层住宅二层平面图

户型	C					
	1	1				
外墙总面积	327.62					
套内轴线面积	141.07	141.07	0.00	0.00	0.00	0.00
阳台面积	6.28	6.28	0.00	0.00	0.00	0.00
公摊面积	22.74	22.74	0.00	0.00	0.00	0.00
套型面积	166.95	166.95	0.00	0.00	0.00	0.00
公摊比	13.62%	13.62%	0.00%	0.00%	0.00%	0.00%
单元总面积	333.90					

户型	C					
	2	2				
外墙总面积	304.26					
套内轴线面积	129.59	129.59	0.00	0.00	0.00	0.00
阳台面积	8.24	8.24	0.00	0.00	0.00	0.00
公摊面积	22.54	22.54	0.00	0.00	0.00	0.00
套型面积	156.25	156.25	0.00	0.00	0.00	0.00
公摊比	14.43%	14.43%	0.00%	0.00%	0.00%	0.00%
单元总面积	312.50					

建筑设计

建筑创意：整体建筑风格设计为中式新古典的建筑群体，空间配置以"步移景异"的规划理念创造居住的诗意格局。建筑设计中着墨于中式民居的庭、院、门的塑造，采用中国传统民居的建筑符号，进行重新组合和构置，通过寻找空间的对比和共性，在碰撞中寻求一种共鸣，从而形成一种打破时间、空间维度限制的全新建筑环境。同时也适时进行现代材料的手法运用，合理的与古典主义相融合，大面积的开窗及室内空间的合

理重构，为现代生活方式提供良好的适应性。在色彩上，采用素雅、朴实的颜色，使整个小区给人一种古朴、典雅又不失现代的亲和感。花园洋房是一种独特的建筑形式，在本案中有特殊的设计理念，前庭后院，临中心下沉侧院……充分考虑与朱然文化公园的对景关系。设计中采用退台的处理手法，通过阳台、露台的合理布置，有效地解决了目前人们普遍提出的视觉干扰问题。同时退台的处理也是生态建筑设计手法中的重要组成部分。

苏州　晋合水巷邻里

项目名称：苏州晋合水巷邻里
设计单位：苏州工业园区设计研究院股份有限公司
开发单位：晋合置业（苏州）有限公司

技术经济指标
用地面积：104687m²
总建筑面积：148187.15m²
容积率：0.9945
绿地率：48%
总户数：519户
停车位：722辆

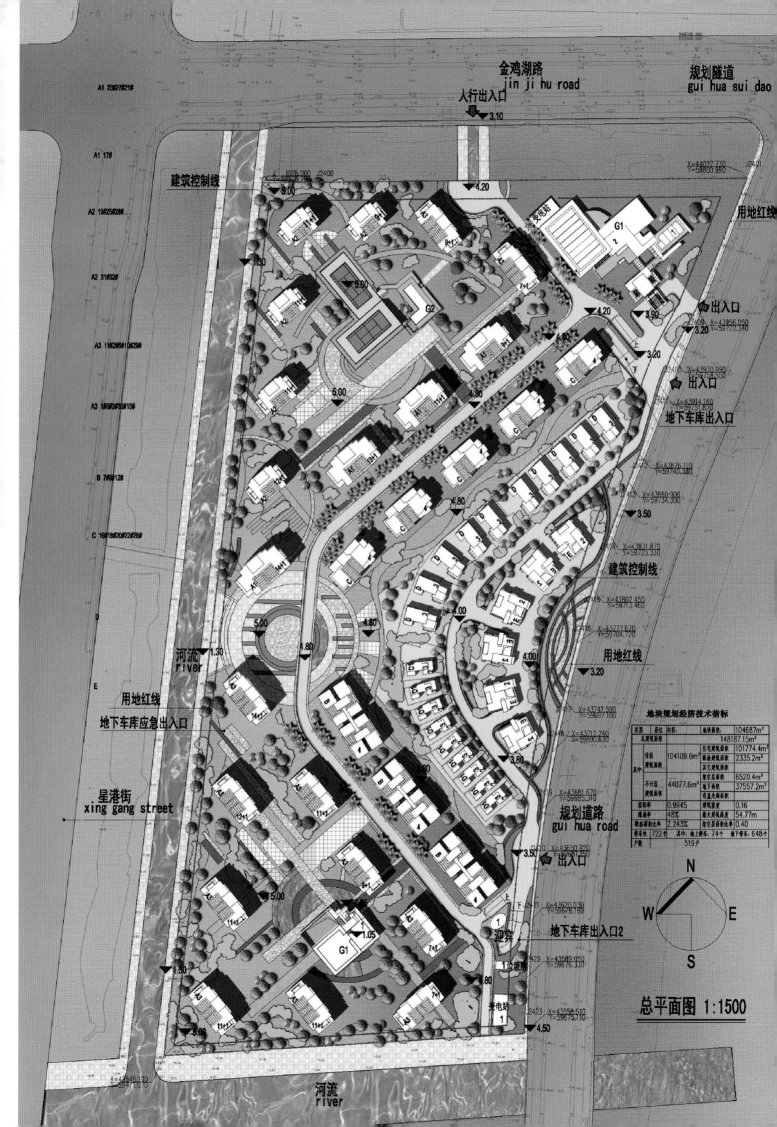

金鸡湖路
jin ji hu road

规划隧道
gui hua sui dao

人行出入口
▽3.10

A1 23#27#21#

建筑控制线

A1 17#

用地红线

A2 19#25#28#

G1

A2 31#32#

G2

出入口
▽3.90
▽3.20

A3 11#2#6#10#29#

▽4.80
▽3.20
出入口
地下车库出入口

A3 1#5#3#30#15#

B 7#9#12#

建筑控制线

C 16#18#20#22#26#

D

用地红线

E
用地红线
地下车库应急出入口

5.00
▽4.80

河流
river ▽1.30

▽3.50

星港街
xing gang street

规划道路
gui hua road

出入口
▽3.50

迎宾

地下车库出入口2

变电站

地块规划经济技术指标		
类别	单位	内容:
地块面积:		104687m²
总建筑面积		148187.15m²
其中: 计容建筑面积	104109.6m²	住宅建筑面积 101774.4m² 配套建筑面积 2335.2m² 其它建筑面积
不计容建筑面积	44077.6m²	架空层面积 6520.4m² 地下室面积 37557.2m² 有益水库面积
容积率		0.9945 规划层数 0.16
绿地率		48% 最大规划高度 54.77m
配套面积出比率		2.243% 架空层面积比率 0.40
停车位	722个	其中: 地上停车 74个 地下停车 648个
户数		519户

总平面图 1:1500

N
W   E
S

河流
river

功能结构分析

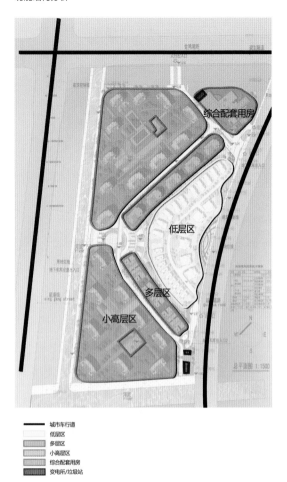

综合配套用房

低层区

多层区

小高层区

——— 城市车行道
▨ 低层区
▨ 多层区
▨ 小高层区
▨ 综合配套用房
■ 变电所/垃圾站

道路分析

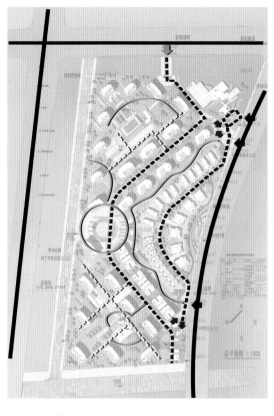

——— 城市车行道
------ 小区车行道
——— 小区组团路
——— 主要步行路
➡ 车行主入口
➡ 人行次入口
⇢ 地库出入口

景观绿化分析

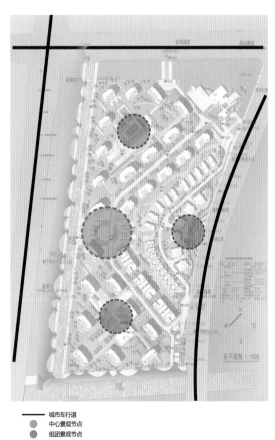

——— 城市车行道
● 中心景观节点
● 组团景观节点
▨ 绿化景观隔离

消防分析

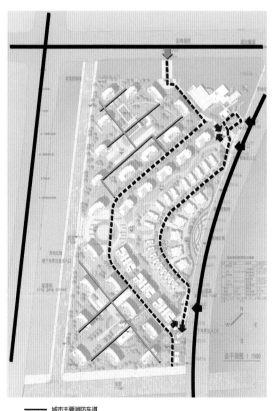

——— 城市主要消防车道
------ 区内消防车道
——— 次要消防车道

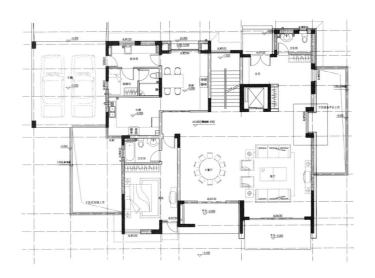

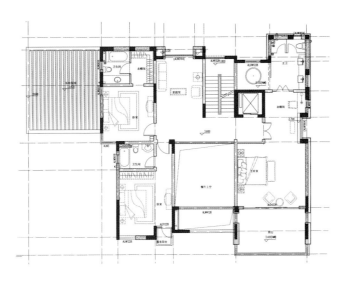

北京 龙湖双珑原著

项目名称：北京龙湖双珑原著
开发单位：北京龙湖地产
设计单位：北京五衡建筑设计事务所有限公司

技术经济指标
用地面积：66293m²
总用地面积：104877.268㎡
总建筑面积：114661.11㎡
总户数：290户
绿化率：30%
容积率：1.1
机动车车位：429辆

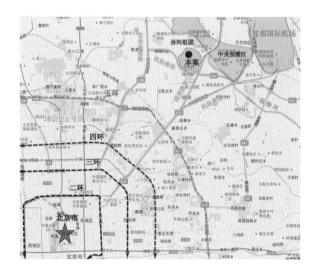

地理环境

项目位于北京市朝阳区孙河乡北甸村，东北五、六环之间，距望京7公里，使馆区14公里，距首都国际机场直线6公里。项目周边交通便利，西临京承高速路，东临京密路和地铁15号线，南有机场南线高速路。项目地处北京中央别墅区，国际化氛围浓厚，受到外籍人士的青睐，是京城独一无二的国际化居所"。项目东北侧毗邻的温榆河作为北京最重要的绿色生态走廊，

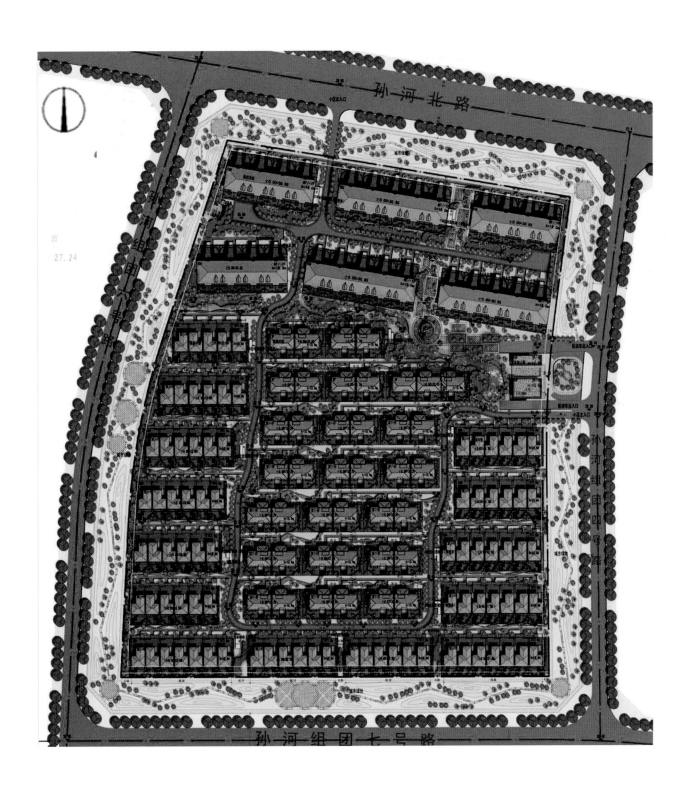

使这一带成为北京最宜居区域。

设计理念

北京作为一个国际化大都市，中西文化在这里碰撞、交融。项目依托北京特定的历史文化积淀，本着"中学为体、西学为用"的设计思路，着力打造兼具东方和西方文化精髓的高档别墅社区。

规划设计

1、"回字形"规划布局

传承中国传统街区及村落的规划思想，将东方空间哲学精髓引入规划设计之中。由外至内划分成不同层次的组团空间，涵盖了中心区的400栋别墅，周边的类独栋别墅，以及最外侧的叠墅区域。层层递进，充分体现迂回、掩映的东方空间规划理念。

2、"龙"形中央主轴

作为整个社区最大的空间主轴设计，无疑是场所精神之所在。通过空间、景观的营造将园区各部分有机相连，形成一个整体。

3. 全人车分流与无障碍设计

住户由东侧主出入口直接进入地下车库，使园区内部形成一条康体步道，保证了行人的安全与环境的安静，同时也使绿化景观的面积最大化。整个社区充分考虑无障碍设计，在主出入口、组团出入口和入户处精心设计，使人行便捷通达。

景观设计

1、"回字形"景观与台地景观设计景观与规划的一体化设计，延伸"回"字形规划布局，汲取东方园囿精髓及东方几何对称美学，本项目以内外两大景观环线耕作"回"字形主题景观，尽展仪式与体验感。外环的坡地绿化隔离，依托地势、植树造园，使园区拥有一个自然的屏障，社区内"回"形康体大道及各组团多主题景观，为住户日常生活提供必备之需。

2、"龙"形水系，千万灵动，观感四季之趣
近千万的龙形水景，成为本项目灵动的观听乐章。无边界水池与叠水带并汇相生，可观水景，亦可聆听水景，归家之路将变得异常美妙。自然水系作为无边界水池的延展，挥尽亲人情怀，花园临水，水近花园，独享的小院与院内景观融为一体。

3、 三进照壁，体现东方造园精髓古人讲"话不可一言说破，宅不应一眼望尽"。本园区传承北方园林造园"障景"手法，于主入口到入户的道路上设计了三重影壁，既是对传统东方生活的追溯与守望，为空间塑造出礼仪层次，亦是为宅地间私密生活而潜备。

4、精心细致的景观小品设计
园区结合室外活动场地功能与整体景观设计理念，融合中国传统民居形式创作形态别致的景观小品，成为住户慢跑、晨读、休憩、观景的私享领域。

1-15轴立面图

15-1轴立面图

5、通过廊、柱以及入户小品的塑造，营造一种细腻的生活环境。

别墅区均为无障碍通行，北侧设有台阶，则在其南园增加铁艺小门等，方便通行。在入园到入户到入房的重重体验中没有丝毫的浪费空间，并创造了接近完美的人与人、人与空间、人与自然的交互关系。

利用宅间的退让空间，形成不同主题的小型景观空间，通过多品种绿植的分隔，减少建筑对空间的压力，改善宅间空间的生活品质。折线式入户方式让整个归家的体验都能够得到幽静私密的感受。

从迂回的林间小径，到宽敞的活动中心，叠墅景观区将"面子空间"深化成是"别墅东道主的礼仪空间"，让待客与归家成为一种独特礼遇体验。

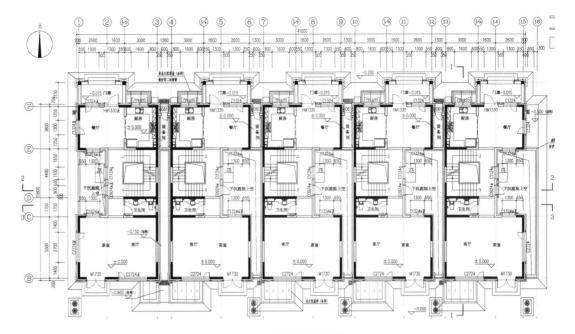

首层组合平面图

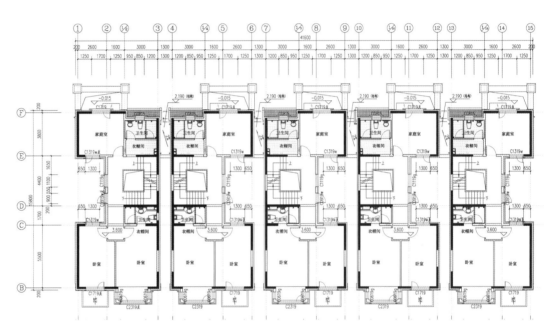

二层组合平面图

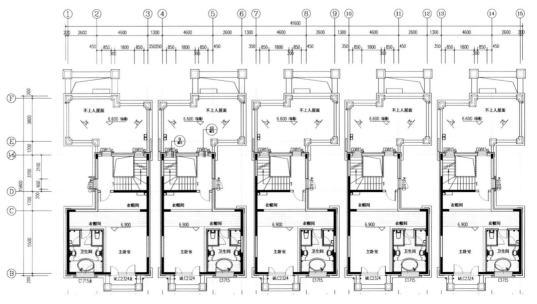

三层组合平面图

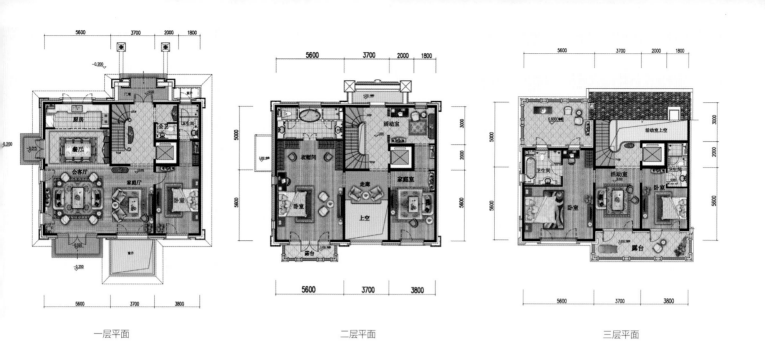

一层平面   二层平面   三层平面

平层平面   跃层底层平面   跃层顶层平面

上海 万科虹桥11号地块

项目名称：上海万科虹桥11号地块
设计单位：上海日清建筑设计有限公司

技术经济指标
用地面积：112864m²
总建筑面积：253677.59m²
地上总建筑面积：185912.95m²
容积率：1.58
绿地率：32.48%
总户数：1058户

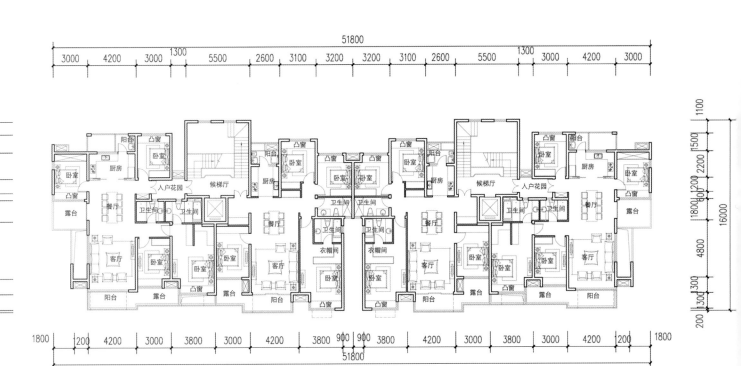

多层二层平面

辽阳 衍秀公园

项目名称：辽阳衍秀公园
设计单位：北京清华同衡规划设计研究院

技术经济指标
总面积：27.85hm²
绿化面积：14.43hm²
占地：51.83%
道路广场面积：5.19hm²
占地：18.62%
水面面积：8.20 hm²
占地：29.43%
建筑面积：0.03hm²
占地：0.12%

项目背景

衍秀公园位于中国东北部，辽宁省辽阳市河东新城起步区，太子河东岸，与老城区隔河相望。总长约1公里，占地面积约28公顷。

公园周边是高档酒店、高档社区和城市公共建筑。基地整体处在泄洪区与禁建区内，地形坡度较大，驳岸形式复杂，给场地的塑建带来一定的困难。

设计挑战

如何定位？如何解决生态与人们活动场地的矛盾？如何解决淹没区防洪与景观的关系问题？这些是设计中重点考虑的问题，尤其应对洪水位的变化，显得尤为突出。

设计理念

尊重场地、因地制宜，寻求与场地空间和周边环境密切联系、形成整体的设计理念。在对场地空间充分了解的基础上，概括出场地空间的最大特性，以此作为设计的基本出发点。

北

0 10 20 50

新运大桥

太子河河道大道

太子河

行秀湖

蒲清潭

中华大桥

① 主入口广场
② 次入口广场
③ 行秀广场
④ 停车场
⑤ 观景大阶梯
⑥ 游船码头
⑦ 栈道平台
⑧ 观景台
⑨ 按摩步道
⑩ 观景台
⑪ 洗水溪
⑫ 濯清潭
⑬ 水映清荷
⑭ 运动广场
⑮ 林下空间

基于对场地空间地形地貌以及植被空间充分了解的基础上，概括出场地的最大特性；原有场地中大小湖的不同尺度及地形走势的空间关系作为设计的基本出发点。充分考虑场地空间对设计理念的影响，因地制宜地形成"共生"的设计理念，寓意人与自然和谐共生，从而达到整体场地空间秉承设计理念与场地空间有机结合。

设计要点

公园大面积区域处于百年一遇洪水范围内，通常情况下处于常水位之上，并且大量植被长势良好，有较强的场地空间利用价值。因此，设计通过运用对不同高程范围内场地空间进行因地制宜的设计手法，实现了该公园具有调蓄水量、非汛期市民亲水愿望的目标。

① 作为太子河泄洪区的一部分，园内河道进行必要疏浚——拓深河槽、湖面，形成复式河道。
② 沿河槽岸线设置隐形堤坝，尽量将矩形、梯形断面做成复式断面，弃用硬质护岸，改用软质生态护岸。
③ 构建生物栖息地，种植水生植物，放养鱼、蟹、蚌、鳖。
④ 场地多空间设计为市民提供在非汛期嬉水、划船（橡胶艇）、氧吧、认识水生动植物、钓鱼、轮滑、骑车、房车营地、日光浴沙滩、观鸟亭、散步小路、野营、野炊场地等活动空间。
⑤ 滩区地势较高的区域布置休闲运动场地，供市民在业余时间进行各种文体活动，丰富市民生活。
⑥ 沿河堤缓坡地区种植特色观赏植被，形成开放休憩空间，形成具有观赏性较强的城市景观带。

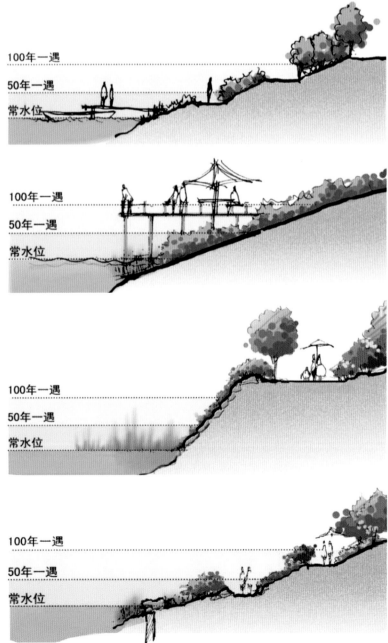

100年一遇
50年一遇
常水位

100年一遇
50年一遇
常水位

100年一遇
50年一遇
常水位

100年一遇
50年一遇
常水位

道路系统规划

规划用地评价

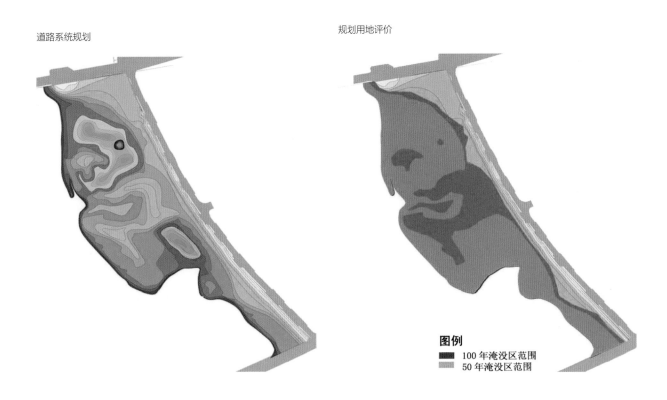

图例
- 100 年淹没区范围
- 50 年淹没区范围

排水工程规划

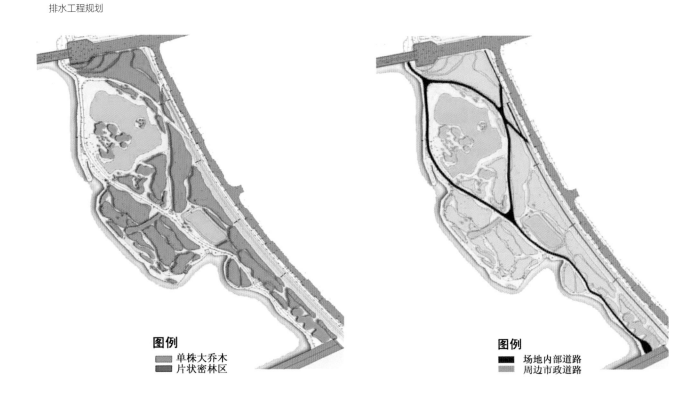

图例
- 单株大乔木
- 片状密林区

图例
- 场地内部道路
- 周边市政道路

上海 世博会中国馆屋顶花园——"新九州清晏"

项目名称：上海世博会中国馆屋顶花园——"新九州清晏"
开发单位：上海世博会事务协调局
设计单位：北京华清安地建筑设计事务所有限公司

技术经济指标
建设规模：27000m²
建设类型：景观平台、休闲、服务
结构：钢结构
建筑材料：铝板、 玻璃、钢格构板、木材
景观材料：彩色塑胶地面、三色土壤、欧松板、花岗石、锈蚀钢板

屋顶花园难题

◎ 提炼中国景观园林传统的深层智慧，借助上海独一无二的城市景观平台予以展现。

◎提供一集萃与展示的框架，吸纳更广范的时间和空间范围内的中国景观园林内容。

◎命名／内涵均无愧中国馆景观平台的独特要求，迅速成为上海一新的城市文化符号。

◎为世博会中和会后的利用留有充分的功能余地，在技术上便利可行，避免风险。

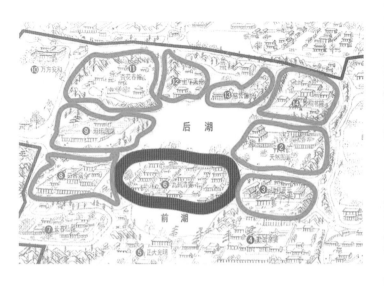

屋面按结构起坡的原则设置了若干条排水沟，沟内按间距设置虹吸式排水口，排水沟之间结构按2%-3%进行屋面起坡。

在山坡部分以轻体材料为造型骨架，上层覆土种植，下层铺设排水板；广场和水系下部采用地垄墙架空，以上做法确保在屋面与景观之间形成通畅的排水层。

作为补充，在所有水系的周边还设置了溢流排水沟，收集因降水增加而产生的多余雨水及山体表面的雨水。

种植

以轻体材料为骨架的造型山体上局部挖出满足种植深度的树穴。既能满足种植深度，也能满足结构的荷载要求。

在根部处理方面，屋面的防水层上设计了钢筋混凝土保护层，在种植大型乔木的区域埋设了预埋钢板，将树穴内预制好的钢框与预埋件焊接，乔木的根部置于钢框之内，用高强耐腐蚀尼龙封闭口部。

水系统组织

为了实现"九洲"的空间感，"新九洲清晏"用水系分割九个小岛。整个水系采用浅水面。

由于水体小，夏季水温高，水体易变质。为此，设计中使用了特殊的水循环处理系统，在整个水系最低处设有蓄水池与净化设备，处理后的水与补充水打入高点流入花园。

针对"渔"中间的养鱼水面，设计则还采用了自循环的系统，通过水泵定期在过滤池内清洁处理。

小品建筑与地面工法

"新九洲清晏"内的小品建筑在造型上具有中国古代园林建筑的韵味，在建造上则使用了当代的技术。

除钢结构和玻璃墙的构造处理外，自动铝合金百叶的传感器可以自动收集气候信息，使系统自动调节，改善了维护结构的环境适应能力。

在小品建筑周边，为加强景观矩阵的效果，设计还采用了彩色塑胶地面、塑料植草格固定三色土壤、欧松板等特殊的地面作法。

重庆 缙云山国际温泉度假区一期

项目名称：重庆缙云山国际温泉度假区一期
开发单位：云南心景集团
设计单位：重庆尚源建筑景观设计有限公司

技术经济指标
总占地面积：汤天下区域：61582m²
          公园区域：76156m²
建筑占地面积：汤天下区域：12919m²
            公园区域：1800m²
绿地率：汤天下区域：60.7%
      公园区域：86.2%
停车位：182辆

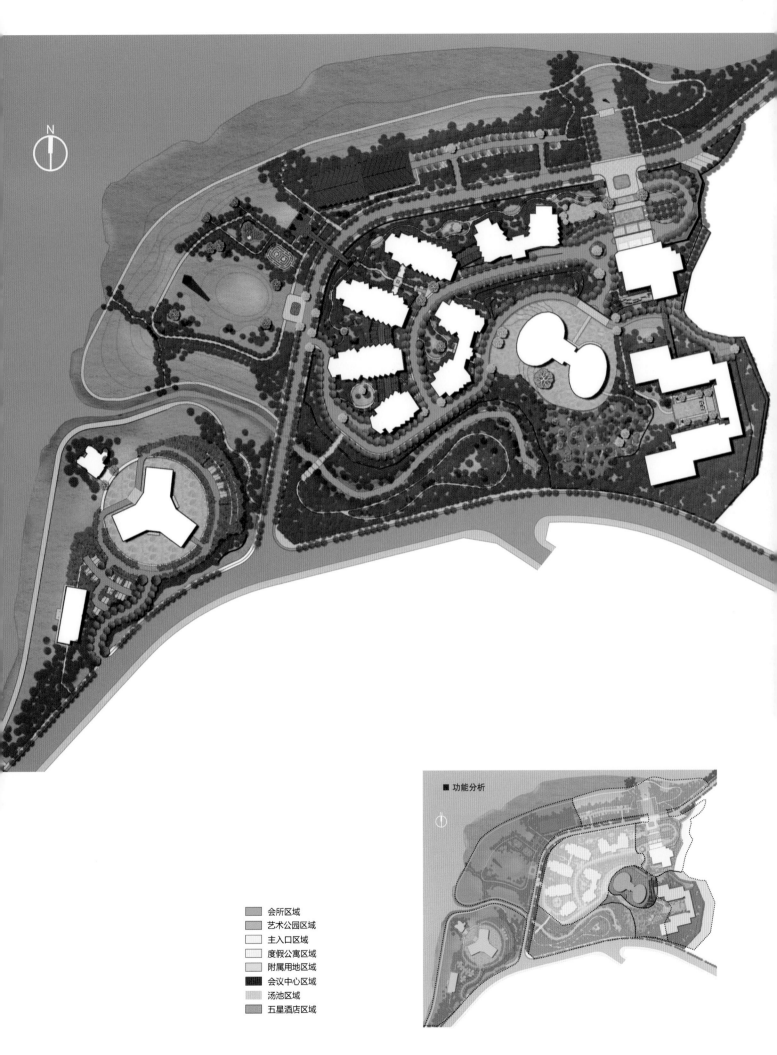

会所区域
艺术公园区域
主入口区域
度假公寓区域
附属用地区域
会议中心区域
汤池区域
五星酒店区域

■ 功能分析

项目背景

缙云山国际温泉度假区一期工程主要由心景汤天下温泉主题度假酒店（五星级）、高端温泉度假公寓、艺术运动公园组成。

缙云山国际温泉度假区一期项目主要由心景汤天下温泉度假酒店、高端温泉度假公寓、艺术运动公园构成。艺术运动公园用地控规编号为1-11/02、1-12/02，土地为G类公园绿化用地，心景汤天下项目总占地约92.85亩，规划容积率约为0.8，建筑密度≤25%。

景观设计说明

设计主题："心净"

景观设计愿景：将繁杂的思绪塞进简约的空间，"褪尽浮华、洗尽尘埃"让身心得以释放。

设计思路：通过简洁的设计手法，营造精致、宁静、休闲、禅意的空间氛围。同时与巴渝文化的融合，体现本地特色的材质运用于空间氛围的营造。

"心净"的空间表达：
① 大面积纯净空间与主景树的对比，逐渐与自然环境形成过渡。
② 围合空间的水境，倒影拓展空间视觉。
③ 尺度怡人的休憩空间，对环境的充分利用。
④ 干净、细致的处理。
⑤ 均衡、对称的尊贵空间。
⑥ 巴渝文化的体现。

深圳 紫荆山庄

项目名称：深圳紫荆山庄
设计单位：深圳市北林苑景观及建筑规划设计院有限公司

技术经济指标
总设计面积：186080m²
场地：2281m²
道路用地：8984m²
绿化改造：33593m²
绿化面积：138794m²
景亭：206m²
花溪：310m²
木平台：366m²
栈道：568m²
水泵房：63m²
水塔：219m²

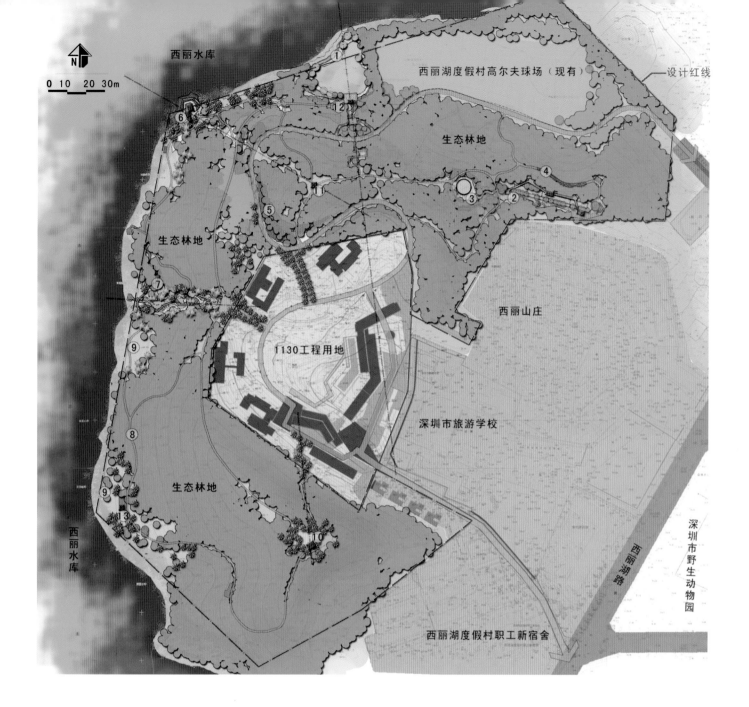

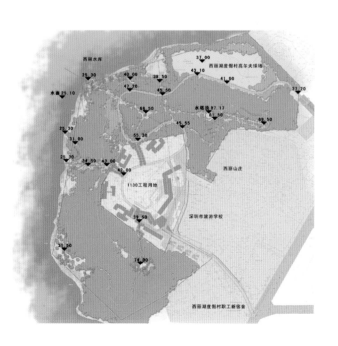

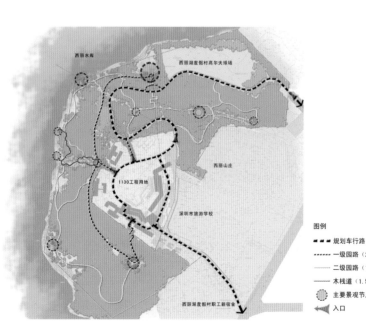

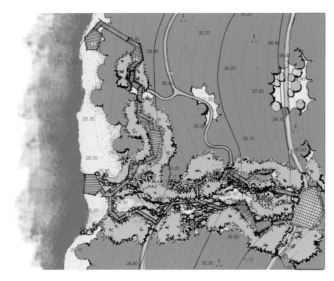

位置索引图

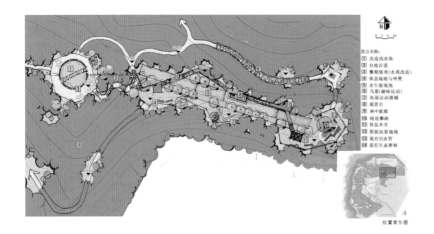

位置索引图

在总图中的位置　　　　　　　　　　　　　位置索引

在总图中的位置　　　　　　　　　　　　　位置索引

本项目位于深圳市南山区北部，南山11
—T1号片区即西丽水库地区内，西临西
丽水库，东部环抱"1130工程"基地，
面积约186080平方米。

外部交通方便，社会服务设施齐全，周
边自然资源、生态、人文景观丰富。

项目基址大部分位于一级生态饮用水源
保护区内，故设计要充分考虑水源保
护，避免大量开挖破坏现有良好的植被
条件，造成水土流失，在营造景观的同
时确保水源区有良好的水质。

根据对项目定位以及周边用地功能的分
析，结合现状考虑，整体上为生态林地

景区，其中散布其他六大景观分区：山野砺趣景区、疏林草坪景区、高尔夫球场景区、春华秋实景区、绿林探幽景区、泠风揽月景区。

而根据活动内容，生态林地景区为森林氧吧区，在游览间体验自然之美。而其他六个景观分区又可分别划分为六大功能区：植物观赏区、草坪活动区、原高尔夫球练习区、林溪探幽区、拓展训练区、泠风远眺区。

设计说明

山野砺趣景区以拓展运动为主题，充分利用原有基础条件，将水塔和沉积池改造成攀岩和水上运动的场所，将水塔下较平缓的范围转变为陆地拓展运动的主要场地。最大程度减小对原有山林的破坏。使游人在体验自然之美的同时，挖掘自身智慧和潜能，体验野外探险的挑战之美和心灵之美。

整个场地以绿色为大背景，设有丰富的色相、季相变化的多样性景观。从整个场地的地形、地貌特征分析，在满足景观功能的前提下，植物规划分为八个景区：泠风揽月景区、绿林探幽景区、春华秋实景区、山野砺趣景区、疏林草坪景区、原高尔夫球练习区、滨水植物景区、森林氧吧区。

龙湾广场

游泳馆

月亮河

葫芦岛　龙湾中央商务区

项目名称：葫芦岛龙湾中央商务区
设计单位：北京清华同衡规划设计研究院有限公司

技术经济指标
规划面积：58hm²

景观规划构架——西方技术

通过GIS技术分析，建立多层次的城市生态安全格局等系统的生态安全结构分析。

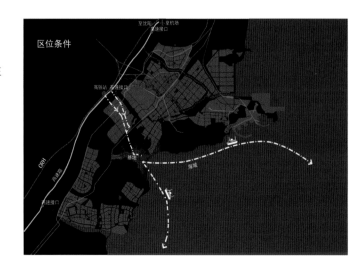

区位条件

❶ 月亮河湿地公园　❷ 月亮河滨河公园　❸ 核心区城市公园　❹ 龙湾广场　❺ 滨海公园　❻ 滨海木栈道　❼ 龙回头景点

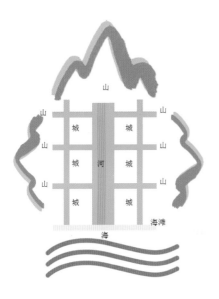

设计范围

其规划设计范围是面积为44公顷7公里长的月亮河流域、14公顷的公共核心区和新城东部滨海绿带。

规划设计理念

经过对场地现状及上位规划的总体分析，景观规划以东方传统城市营造理念"北方山水城市"为建设目标，采用生态优先策略，充分利用现有自然基础条件中的月亮河、滨海景观带及周围山体，因势利导形成富有地域文化特征的北方滨海山水景观。使新区建设成为生态、安全、便利、富有地域文化特征的滨海新区。

景观格局分析图

自然湿地
福广场
龙湾广场
龙回头

通海大道
月亮河公园
环岛二路
龙眼岛公共核心区
环岛一路
滨海公园
滨海大道
滨海休闲带
龙回头景点

设计格局

遵照自然山水格局与未来城市格局，形成了三轴两点的景观格局。三条景观轴线：绿色轴线、活力轴线、景观轴线。两个重要节点：龙湾广场、龙眼岛公园。三个次要节点：祈福、自然、龙回头。

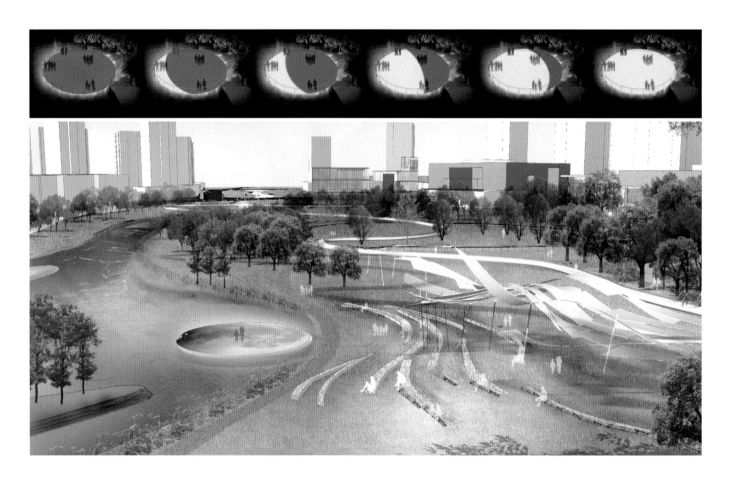

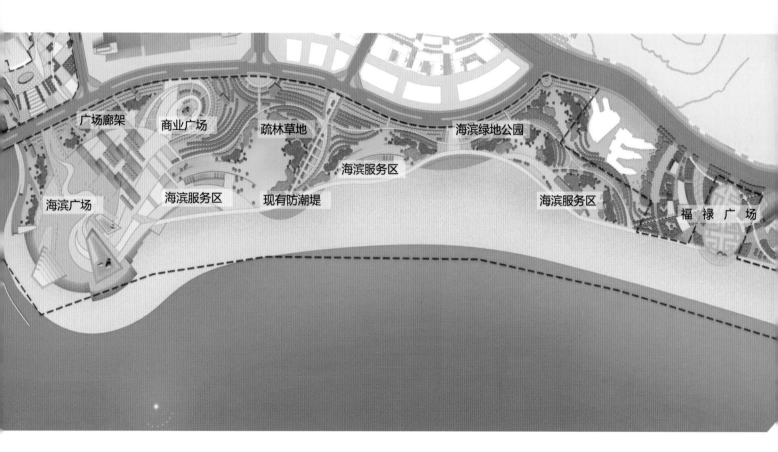

广场廊架　　商业广场　　疏林草地　　　　　　　　　　　海滨绿地公园

海滨服务区

海滨广场　　海滨服务区　　现有防潮堤　　　　　　　　　海滨服务区　　　　　福禄广场

文化中心

训练场

龙眼岛公园

体育场

月亮河

体育馆

游泳馆

中心城市开放空间——龙眼岛

规划中的龙眼岛为这一轴线的核心,这里公共建筑密度大,对未来城市生活的精神、文化带动意义重大,因此我们在设计中充分考虑:第一,景观与城市建筑、城市生活必须具备良好的交融性,要具有开放性、可达性及标志性;第二,提高景观中的文化内涵,进一步塑造具有地方特色和魅力的城市空间:第三,通过竖向、植被、景观元素的综合处理,使此区域既成为城市中的自然,闹中取静、独立、开敞,又与城市无障碍交融。

滨海黑松林

广州 增城少年宫

项目名称: 广州增城少年宫
开发单位: 广东省共青团增城市委员会
设计单位: 清华大学建筑设计研究院有限公司

技术经济指标
用地面积: 26291.3 m²
总建筑面积: 55945 m²
容积率: 1.47
绿地率: 26.1%
停车位: 325辆

项目概况

本项目位于广东省增城市, 增城市是广州市的三个副中心之一, 项目用地所处的挂绿新区则是增城市发展轴线上重要的一环, 用地周边丘陵环绕, 南望挂绿湖景区, 地理位置得天独厚。

增城少年宫用地选址于爱民路以北, 惠民路以东。在少年宫西南侧的地块为增城市行政中心及增城文化会议中心。少年宫西侧将规划建设增城大球场及其配套训练基地, 南侧规划为增城大剧院, 东侧规划为政务中心前台, 西南侧为规划中的市政中心广场。

项目用地约2.6万平方米, 用地东西长约180米, 南北宽约150米。

地上主要功能为少年宫各类公共空间、活动、教学用房, 及部分商业用房, 地下为多功能剧场舞台部分, 部分商业用房, 车库, 设备机房, 人防等辅助功能, 其中车库采用双层机械停车, 可以满足325辆机动车的停车需求。

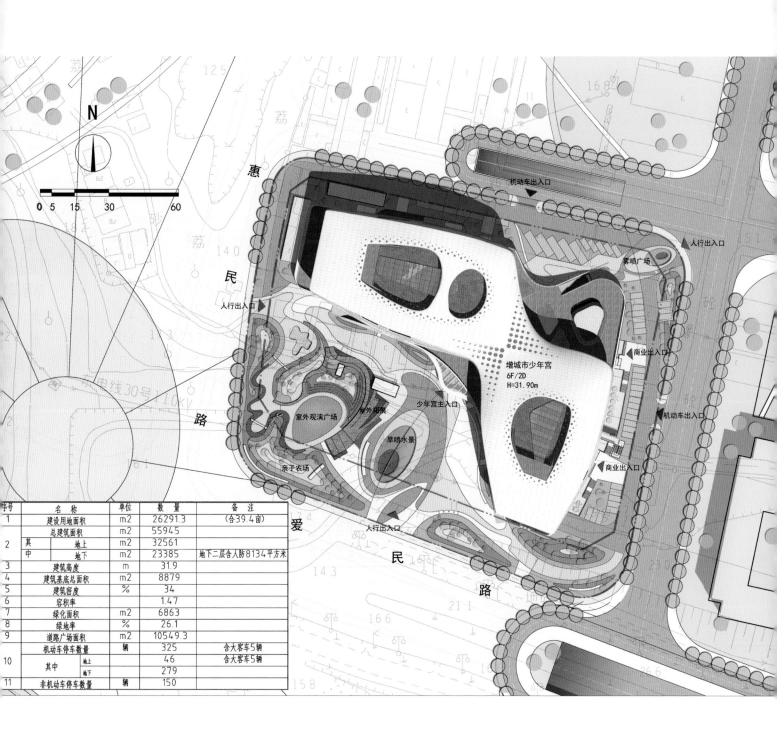

序号	名 称		单位	数 量	备 注
1	建设用地面积		m2	26291.3	(合39.4亩)
2	总建筑面积		m2	55945	
	其中	地上	m2	32561	
		地下	m2	23385	地下二层含人防8134平方米
3	建筑高度		m	31.9	
4	建筑基底总面积		m2	8879	
5	建筑密度		%	34	
6	容积率			1.47	
7	绿化面积		m2	6863	
8	绿地率		%	26.1	
9	道路广场面积		m2	10549.3	
10	机动车停车数量		辆	325	含大客车5辆
	其中	地上		46	含大客车5辆
		地下		279	
11	非机动车停车数量		辆	150	

设计理念

无限——无穷或无限，数学符号为"∞"。来自于拉丁文的"infinitas"，即"没有边界"的意思。

拓扑空间与莫比乌斯环——我们要对纸带进行180度翻转再首尾相连就得到"莫比乌斯环"。如果某个人在一个巨大的莫比乌斯环的表面上一直走下去，他就永远不会停下来。莫比乌斯环能够完美地展现一个"二维空间中一维可无限扩展之空间模型"。数学中有一个重要分支叫"拓扑学"，主要是研究几何图形"连续"的一些特征和规律。莫比乌斯环是拓扑学中最有趣的问题之一，表达了"无限延续"的主题。

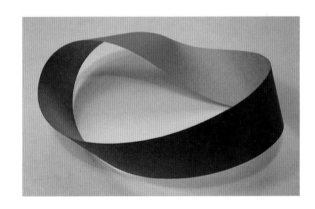

垂直交通
水平交通
功能用房
辅助用房

首层平面图

垂直交通
水平交通
功能用房
辅助用房
观景平台

二层平面图

垂直交通
水平交通
功能用房
辅助用房

三层平面图

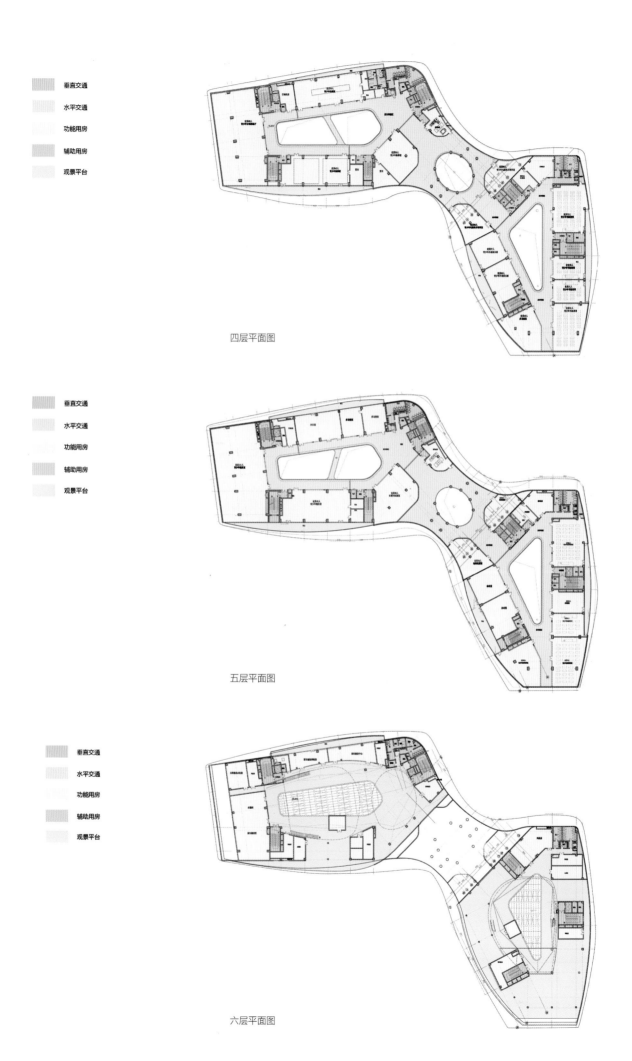

垂直交通
水平交通
功能用房
辅助用房
观景平台

四层平面图

垂直交通
水平交通
功能用房
辅助用房
观景平台

五层平面图

垂直交通
水平交通
功能用房
辅助用房
观景平台

六层平面图

玉树　嘉那嘛呢游客到访中心

项目名称：玉树嘉那嘛呢游客到访中心
开发单位：北京城建建设工程有限公司玉树援建工程项目承包部
设计单位：清华大学建筑设计研究院有限公司

技术经济指标
建筑规模：1100m²
建筑材料：石、木、金属
用地面积：0.31hm²

项目背景

新寨嘉那嘛呢游客访问中心位于青海省玉树州结古镇新寨村，该项目是嘉那嘛呢申遗核心区保护重建项目的重要组成部分。2010年，"4·14"青海玉树特大地震发生后，玉树救援及重建受到全社会的共同关注，青海省玉树地震灾后重建城乡规划委员会亦将保护嘉那嘛呢石堆视为援建项目的重中之重——新寨嘉那嘛呢石堆，是藏区佛教圣地之一，距今300年的历史，规模宏大，有25亿块嘛呢石组成，并在不断增长，被誉为"天下第一大嘛呢"，2006年被列为全国重点文物保护单位。

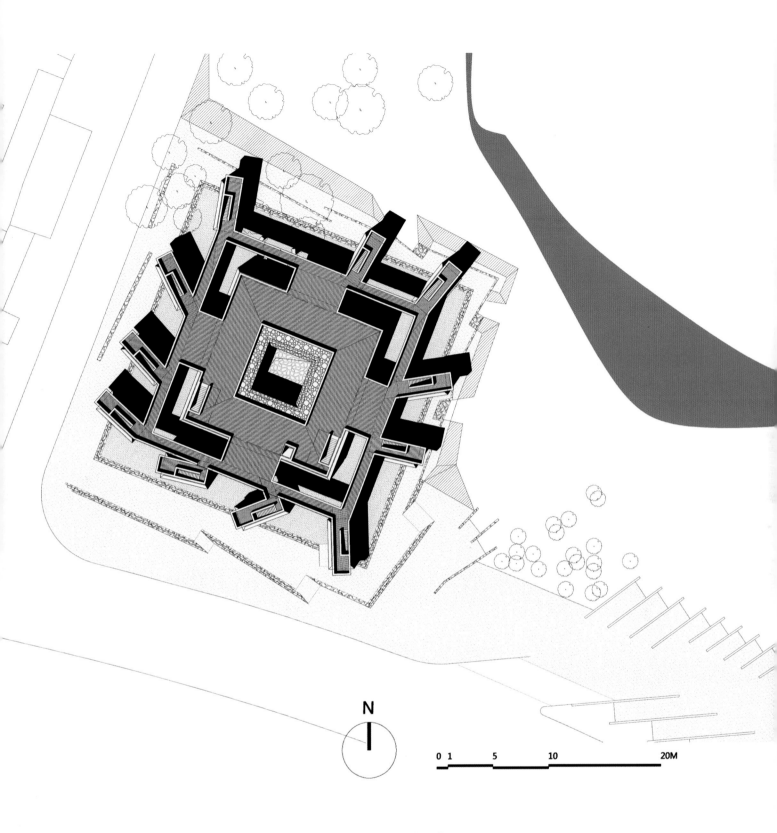

N

0 1   5   10   20M

场地概述

新寨村位于南青藏高原腹地，三江源头，平均海拔在3600米以
上，南北各有高山，处于山谷之中。游访中心坐落于新寨村民居
聚落之内，嘉那嘛呢石堆东南200米，场地南北长约60米，东西
宽约53米，用地总面积约为0.31公顷。西侧、北侧为1~2层民
居建筑，民居以石砌、木构居多，南侧紧邻红卫路，路南为带状
灌木丛及扎西河，东侧为嘉那林卡景观绿地。

设计理念

游访中心建筑形体以藏族传统图形抽象而来，中心是"回"字形
带有中央天井的两层建筑，内部空间依据不同功能分区，清晰明
确。"回"字形核心的周围，设有11个独立的观景楼梯间，以
强烈的方向感，指向当地的多个宗教圣地。其中两个都指向嘉
那嘛呢石经城，强调其重要性，另外的9个楼梯间分别指向勒茨
噶、格尼西巴旺秀山、错尺克、洞那珠乃塔郎太钦楞、扎曲河谷

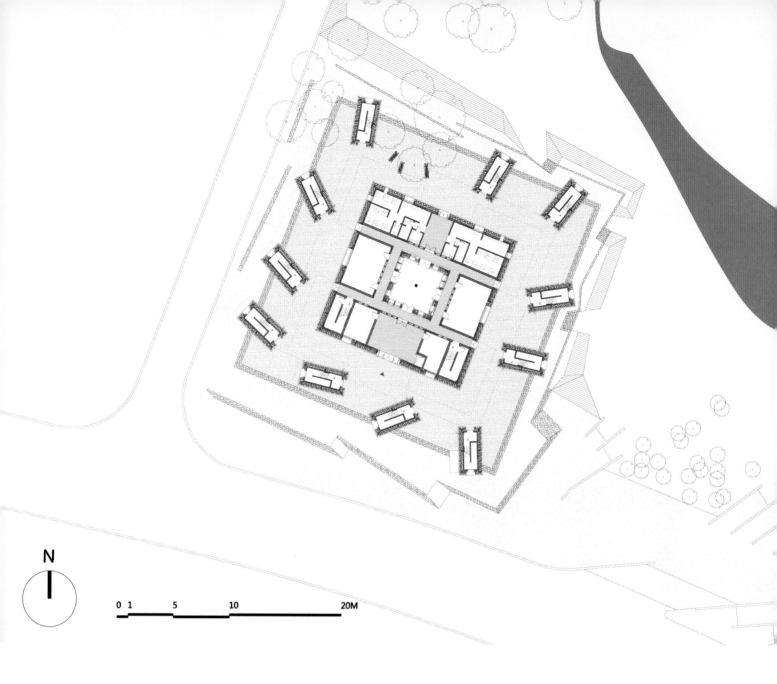

N

0 1   5   10   20M

通天河、拉藏龙巴、茹桑贡布神山、乃古滩、观世音轮回根除道场——这些地点，并非虚构，它们分别出现在嘉那活佛的传记中，是现实存在或曾经存在的，代表着他人生中重要的修行阶段，因而也与嘉那嘛呢石经城的历史密切相关。

建造工法

游访中心的建造采用了现代工业技术和藏族传统建筑文化相结合的建造方式，主体结构采用钢筋混凝土，保证结构安全，外表采用当地石材砌筑，寻求当地建造文化的延续和再诠释，一方面满足了结构的稳定性和使用的舒适性，另一方面形成了稚拙、朴素

的建筑形象，石砌墙体，取材于当地，回收了地震后倒塌房屋的石材，由当地藏民砌筑建造，使游访中心融入当地居民生活。

屋顶平台的栏杆和地面都采用木材作为主要的建筑材料，通过现代防腐技术和碳化技术，解决了木材耐久性的问题，木材和石材两种生土材料也有比较和谐的共存。在木栏板的建造上，同样回收了大量地震中倒塌房屋的木质构件（梁、柱、板等），运用到木栏板的拼接中，设计通过190余个不同的拼装节点来实现不同尺寸的新旧建筑构件的组合。控制其在低技术前提下的整体连接效果。门窗采用金属定制构件，以表达建筑建造时间。

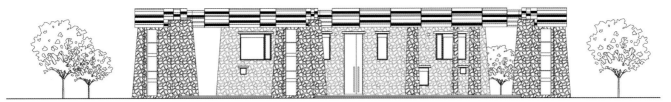

北立面图

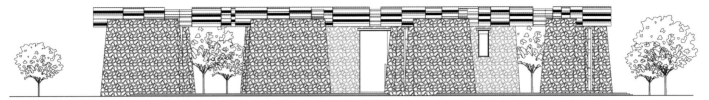

南立面图

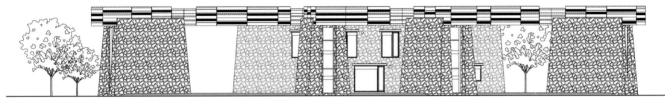

东立面图

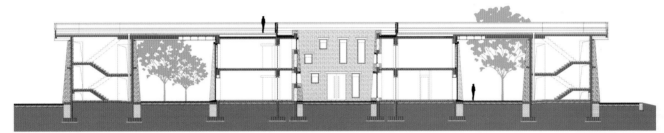

剖立面图

交通组织

红卫路为主要车行交通来向。游客服务中心的西、南两个方向分别与现有市政道路相连，基地东侧地块布置一处公众停车场，游客可在此处停车进入游客服务中心。游客服务中心地块入口设于西、南侧规划路，东侧设出入口联系停车场；建筑主要入口方向为南侧。

景观绿化

玉树位于高原地区，高寒缺氧，植物生长缓慢，设计中充分尊重现有树木的生长环境和条件，减少砍伐和植栽，建筑主动退让和保护现有植被，与之形成互动和对话，使建筑更好地融入于基地小环境之中。

在地面做法的选择上，运用露骨料混凝土的做法，同样是为了寻求建筑整体形象上的亲民和朴素，裸露、散落的石子，是一种对自然主义和材料生土性的关注，是一种让材料和人产生更亲密关系的尝试。

生态节能

建筑材料以当地生土材料为主,尽量减少项目建设带来的环境压力。考虑到玉树州日照时间长,太阳辐射强、昼夜温差大的特点,设计从体型系数控制,节能构造措施,自然采光通风利用,绿色建材的采用等方面为建设项目打下良好的节能环保基础。

适宜技术

在本工程中,历史文化遗产紧邻服务设施,在服务设施的设计中采用适宜的技术,体现实用性的原则,避免使用过分夸张和过度超前的技术。

人文关怀

游访中心建筑的人文关怀主要体现在两个方面，其一，是
通过建筑的建造实现了对空间和时间的连接。在空间上，
到访中心连接了嘛呢石经城历史相关的地点，11个观景楼
梯，完善了嘛呢石经城的空间范围；在时间上，连接了过
去和现在，"过去"包含久远的可追溯至嘉那活佛生平的
历史以及近在眼前的玉树地震，而这"现在"则既有新寨
村、嘉那嘛呢石经城重新复活的当下，也有即将开启的新
的未来。其次，嘉那嘛呢游客到访中心，从功能设定上来
说，说它为旅游服务的，不如说它的功能更集中在为新寨
村解决基础的社区服务上，邮局、医疗所，以及卫生间，
正是这一区域长期以来未得到足够重视的重要功能。

巴中 川陕革命根据地博物馆和将帅碑林纪念馆

项目名称：巴中川陕革命根据地博物馆和将帅碑林纪念馆
开发单位：巴中市文化广播影视新闻出版局
设计单位：清华大学建筑设计研究院有限公司

技术经济指标
用地面积：3929m²
总建筑面积：10950m²

本工程为南龛文化产业园一期工程的一部分，整合原川陕根据地博物馆和将帅碑林纪念馆，形成两馆合一的重要文化建筑，也是南龛文化产业园的核心建筑。新馆建成后将采用现代纪念空间和展陈技术在牢记革命历史，继承革命遗志、弘扬红军精神、传承民族文化中发挥重要作用，同时更加强调历史事件纪念中的人文关怀。

本工程位于四川省巴中市南龛山顶中心地段，西侧为山坡断崖，东北侧为飞霞阁，东侧为南龛石窟，南侧为将帅碑林，向西远眺群山、近瞰城区。本次修建将利用山体地势高差设置建筑主体，用地东南侧接邻山顶主要道路，为本建筑主入口方向。选址所在场地周边高中心底，北侧、东侧高于南侧。考虑到整个山体为南龛石窟赋存崖体，顶部建设应尽量远离东侧崖面。

交通组织

本工程地块东、北、南三面邻南龛山顶，西侧为断崖，利用山体地势高差设置建筑主体，用地东侧和南侧接邻山顶主要道路，为本建筑的主入口方向，入口处设坡道及多级台阶，随地势通往博物馆室内各层展区。在完全开放的情况下同时有多条通道可以进入博物馆不同功能空间。西侧崖下设置次要出入口、展品出入口和贵宾出入口（道路建成前此部分功能由山上其他出入口承担）。工作人员出入口分别设置于山上的南北两处和山下的一处。

辅助入口

主入口

次入口、展品入口及贵宾入口

辅助入口

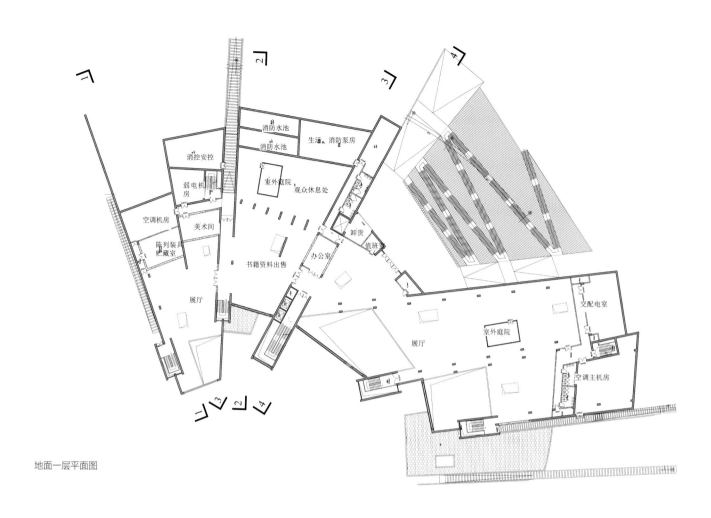

地面一层平面图

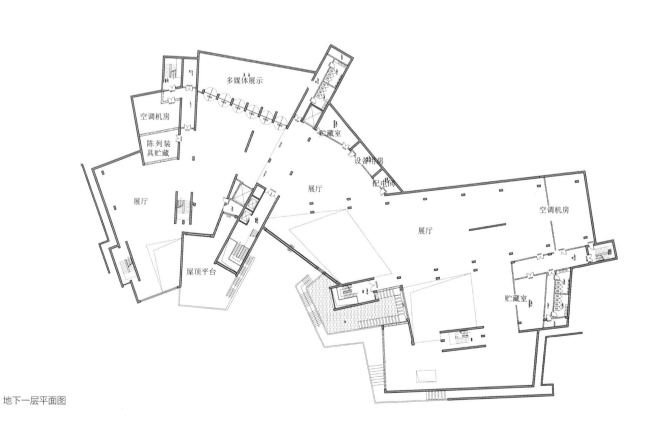

地下一层平面图

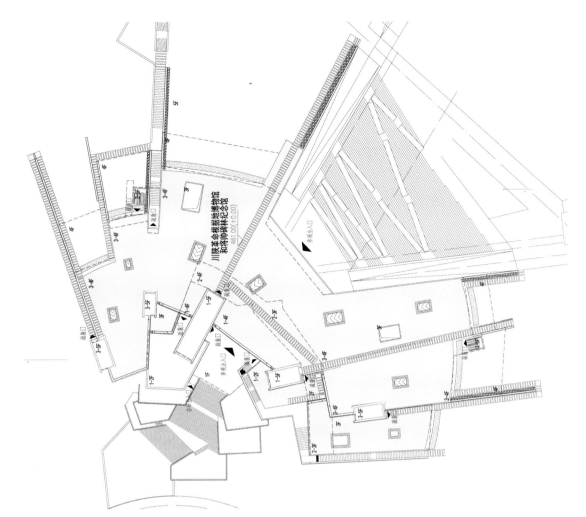

川陕革命根据地博物馆
和将帅碑林纪念馆
461.00(±0.00)

总平面图

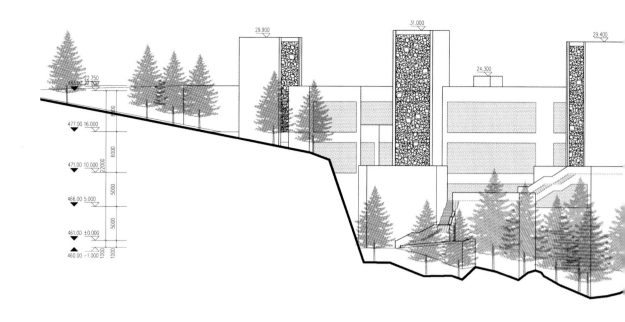

建筑空间处理垂直石体

在各个文化体中，垂直矗立的石体都是神圣纪念场所的象征。本项目中也以高耸的立方体式打破屋顶的平整，产生强有力的纪念性实体，碑身镌刻与纪念主题相关内容。

建筑空间处理庭院

空间中庭院的设置，除功能需要的自然采光和通风外，强化了纯净的天空和抽象的光影，突出观赏者与天地、自然的直接对话，也使纪念的内容和感觉更加抽象化。

景观设计水面

屋顶水面的存在具有双层反射意义：物质层面反射周边环境中的山和天空；精神层面反映超越人间的世界。开放性的舒展空间为神圣可敬的场所，水面、绿色缓坡地景等

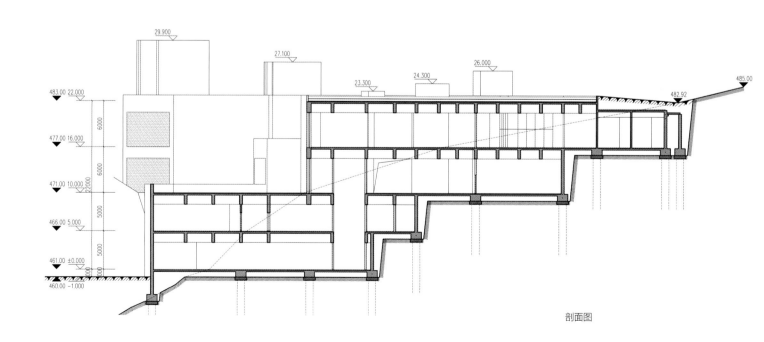

剖面图

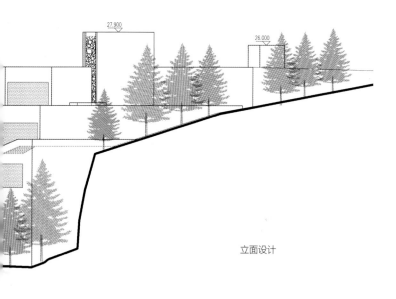

立面设计

纯净的自然元素被用来强化大地与逝去灵魂间的关联。

交通组织

本工程地块东、北、南三面邻南龛山顶，西侧为断崖，利用山体地势高差设置建筑主体，用地东侧和南侧接邻山顶主要道路，为本建筑的主入口方向，入口处设坡道及多级台阶，随地势通往博物馆室内各层展区。在完全开放的情况下同时有多条通道可以进入博物馆不同功能空间。两侧崖下设置次要出入口、展品出入口和贵宾出入口（道路建成前此部分功能由山上其他出入口承担）。工作人员出入口分别设置于山上的南北两处和山下的一处。

上海 同济大学建筑城规学院D楼改建

项目名称：上海同济大学建筑城规学院D楼改建
开发单位：同济大学
设计单位：同济大学建筑设计研究院(集团)有限公司

技术经济指标
建筑面积：6440m²
建筑高度：20.97m

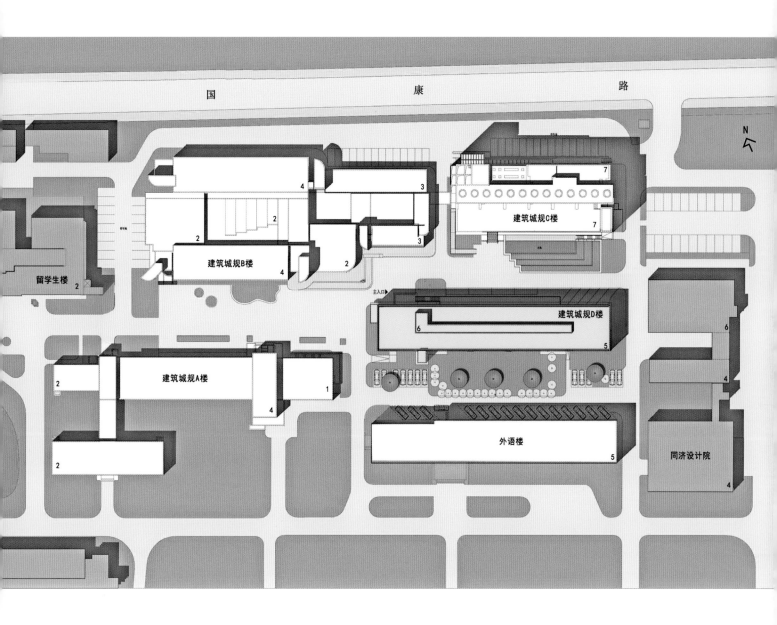

背景介绍

同济大学建筑与城市规划学院基础教学楼（D楼）改造前为同济大学"能源楼"，该建筑建于1978年，为五层框架剪力墙结构、预制梁与现浇混凝土柱整体装配式结构。由于该建筑建造年代较早，建筑材料出现不同程度的劣化，且原有功能布局已经无法满足建筑与城市规划学院新的教学需要，因此，学校决定对其进行生态节能改造，使其以全新的空间组织和形态与建筑城规学院现有的A、B、C三栋楼形成整体学院教学街区，从而优化建筑城规学院的资源配置和教学环境。对建筑现状的分析发现：

1、改造前的"能源楼"由机械学院和海洋学院共同使用，其设施陈旧，各层平面单一，均为中间走道，两边布置小开间的教学办公和实验用房，已经不能适应建筑城规学院教学、实验、展示等空间需求。

2、建筑东西向总长80.6米，南北向总长14.6米，开间6.6米，两个楼梯处开间变跨为4米，建筑的两个入口均设在南面，门厅显得局促，其入口方向与建筑城规学院主要人流方向相背，使用不便。

3、"能源楼"的外部形式是当时"经济适用"原则主导下的常见形式，立面简单，窗洞大小相同，均匀对位，且无多余装饰。如何使改造实现既不伤筋动骨，又使建筑面貌焕然一新是设计的难点之一。

4、由于建造年代较早，建筑墙面粉刷层有局部裂缝，梁、板、柱的混凝土出现了碳化现象，需涂刷具有保护作用的涂层。结构抗震鉴定表明，大楼结构基本完好，但局部位置如框架梁与框架柱之间需在节点表面粘贴碳纤维布作为加固措施，以加强节点的连接作用。

建筑功能更新

"能源楼"原为机械学院和海洋学院使用，主入口布置在南向，"能源楼"划归建筑城规学院后将成为一、二年级基础教学和基础实验楼：一、二楼为基础实验功能部分；三、四楼为一、二年级专业教室；五楼为报告厅层。为了功能使用方便，使该建筑融入建筑城规学院教学街区，与C楼对应。设计中将主入口设置在西端北向，建筑的主立面也随之由南向北转换，以建筑设计院多层办公楼西山墙为近距围合、以学校综合楼为远距视觉围合，与C楼一起形成C楼、D楼间的广场效应。

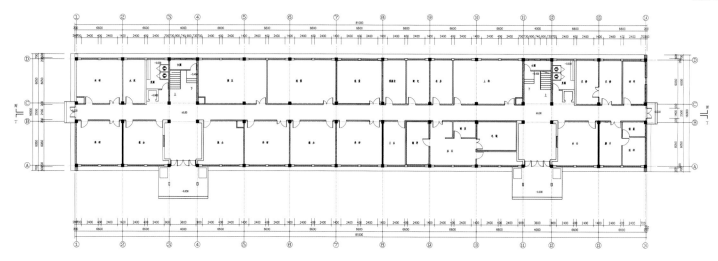

现状一层平面图

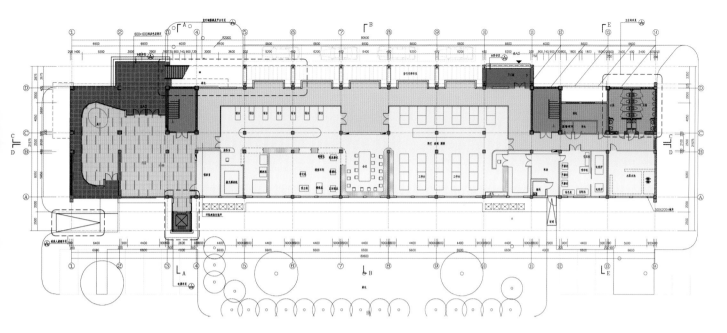

修缮后一层平面图

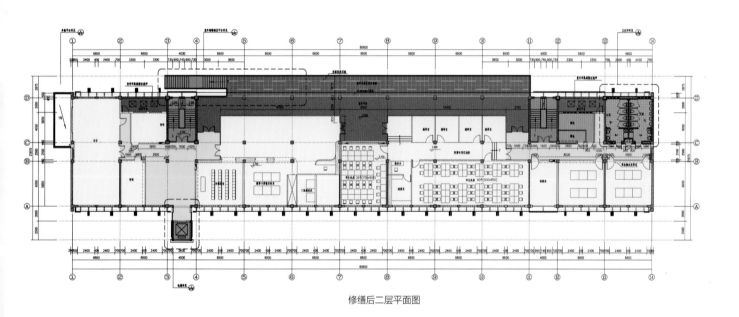

修缮后二层平面图

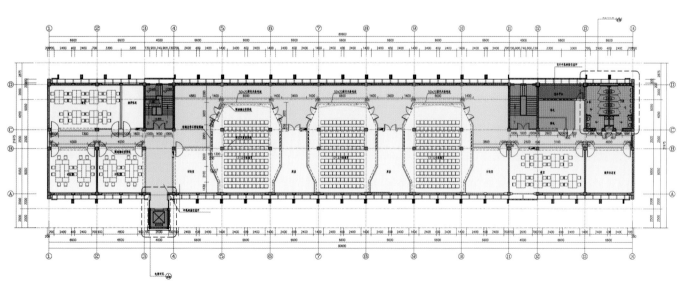

修缮后五层平面图

上海 同济大学一·二九大楼改建

项目名称：上海同济大学一·二九大楼改建
开发单位：同济大学
设计单位：同济大学建筑设计研究院(集团)有限公司

技术经济指标
据房测图测量现状面积：4313m²
加建面积：156m²
修缮后建筑面积：4469m²

同济大学一·二九大楼位于同济大学校本部中法中心西侧，教学南楼南侧。一·二九大楼建成于1940年初，是同济大学现存历史最悠久的建筑，长期以来一直作为教学楼使用，现将改造为同济博物馆。一·二九大楼改造，在保留原建筑结构和外立面的基础上，对建筑内部功能和设施进行更新，以适应博物馆的建筑空间和功能要求，其主要改造内容包括：

1、将原有小开间的教学用房改建成适合博物馆需求的收藏和展示空间。
2、充分保留和利用大楼内部的木屋架、木梁结构体系，通过维护和修缮，使其作为结构和装饰构件暴露出来，在现在博物馆主要展示场景中，反映出同济大学悠久的历史。
3、对入口门厅进行改造，通过将门厅设计为不规则折线形的通透玻璃厅，一方面避让纪念园的多棵古树，另一方面弱化门厅的形体和体量使得新增设施对纪念园和原有老建筑影响最小化。

一.二九大楼

测量学院

一.二九大楼在
建筑群中的区位

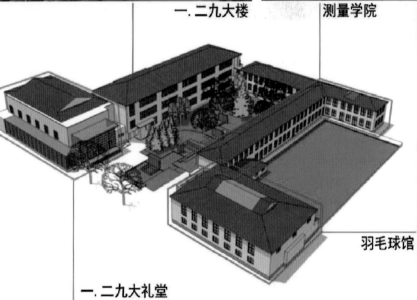

羽毛球馆

一.二九大礼堂

项目概况：

一·二九大楼所在区域是同济大学现在校园中历史最早的区域，原为日本人建的一所中学，包括一组U字形建筑群的教学楼（今日的一·二九大楼和测量学院）和一个礼堂（今日的羽毛球馆），建成于1940年初。

一·二九大楼整体呈L形布置，由东西向楼和南北向楼两部分组成，环抱一·二九纪念园，紧邻一·二九大礼堂。长期以来，一·二九大楼一直作为学校教学楼使用，目前该大楼已使用超过七十年，早已超出其设计使用年限，室内外损坏程度严重。从安全性上等诸多综合因素出发，该建筑已不能作为教学楼使用。随着建筑功能的调整，以及提升区域历史价值的需要，同济大学将其功能定位为校级博物馆。

本项目立足于对同济大学一·二九大楼进行保护性修缮，恢复历史建筑原有风貌。并在此基础上，通过功能更新、设备更新等技术手段，使大楼在传承历史，延续文脉的同时满足"同济博物馆"的接待展示新功能要求。

加建门厅

由于建筑功能更新的需要，经过精心的选择和比较，新门厅的位置现设置在"L"形建筑的内转角处，即一·二九纪念园最内侧，形成博物馆人流集散中心。原因如下：首先对纪念园环境影响最小化，只需移栽几棵较小松树。其次，建筑交通组织最合理；同时，新门厅折线形造型避让开园内转角处两棵古树。最后，在场地环境上，硬地只做入口局部处理，衔接完善原有场地关系。

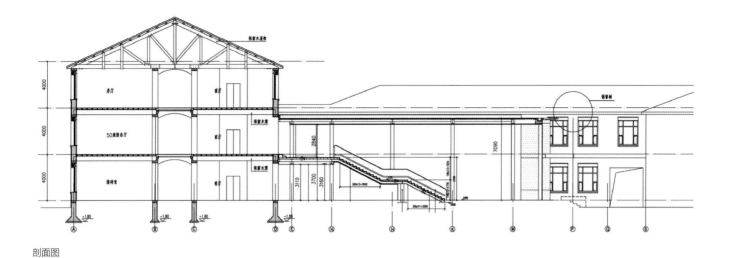

剖面图

新门厅外观为通透玻璃幕墙，强调新旧之间的对比和结构逻辑。

新门厅室内设计风格现代、简洁，与老建筑室内风格协调统一。大厅转角的景观楼梯（钢结构，柚木装修）顺应门厅形式和人流交通方向设计，为门厅的视觉焦点。门厅内部两侧墙体保留原有建筑的窗洞和韵律，底层沿原有窗洞位置拓展至地面，满足内部交通及使用。

展厅

南北向楼一、二、三层均为主要的展示空间。去除后期装修吊顶，将建筑的木屋架及木檩条结构暴露出来。完整保留并修复，使其作为建筑功能空间的主要装饰构件。

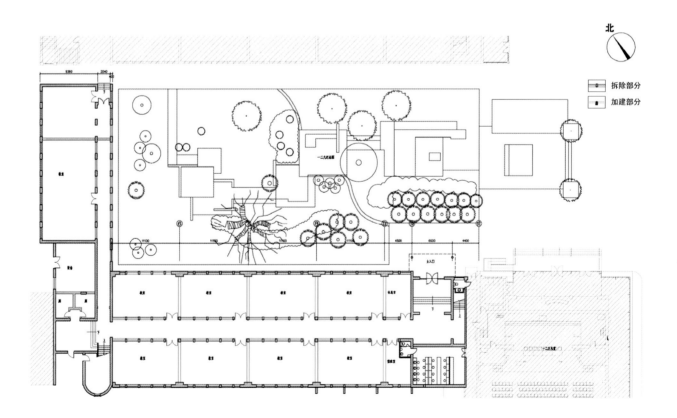

北

拆除部分
加建部分

原一层平面

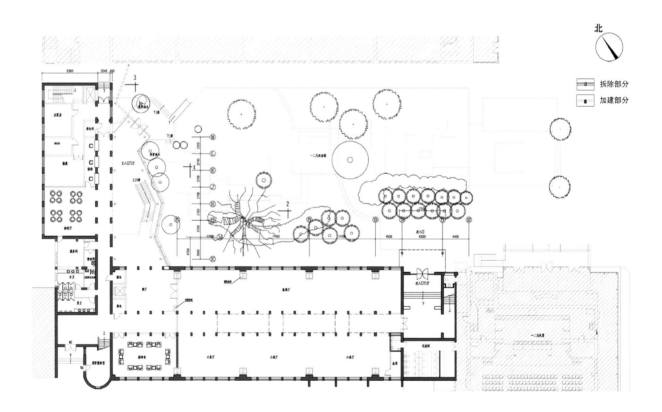

北

拆除部分
加建部分

修缮后一层平面

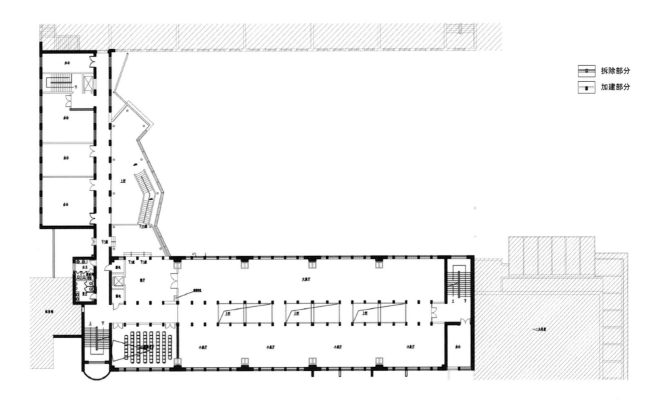

拆除部分

加建部分

修缮后二层平面

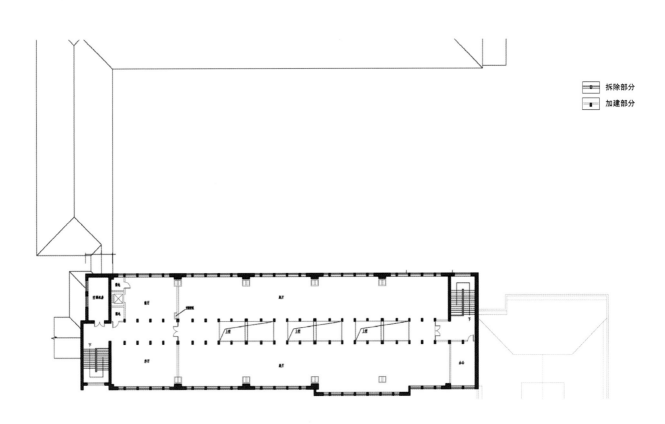

拆除部分

加建部分

修缮后三层平面

杭州 小百花艺术中心

项目名称：杭州小百花艺术中心
开发单位：浙江小百花越剧团
设计单位：李祖原联合建筑师事务所　太原建筑设计咨询（上海）有限公司

技术经济指标
用地面积：18520m²
总建筑面积：25082.0m²
容积率：0.873
绿地率：41.5%（包括屋顶绿化及代征城市绿地）
停车位：机动车总停车位：78辆
地下自行车车库：176辆

浙江小百花艺术中心位于杭州市金融、商业和文化中心之交界处的曙光路黄龙饭店和世贸中心对面，距萧山国际机场仅40分钟车程，步行至西湖风景区仅需10分钟。毗邻浙江世界贸易会展中心、国际中心办事处，数步可及时尚繁华的闹市区，具有得天独厚的地理优势。

本案位于曙光路南侧，紧邻浙江省文化厅、浙江老年大学。由浙江小百花越剧团开发。

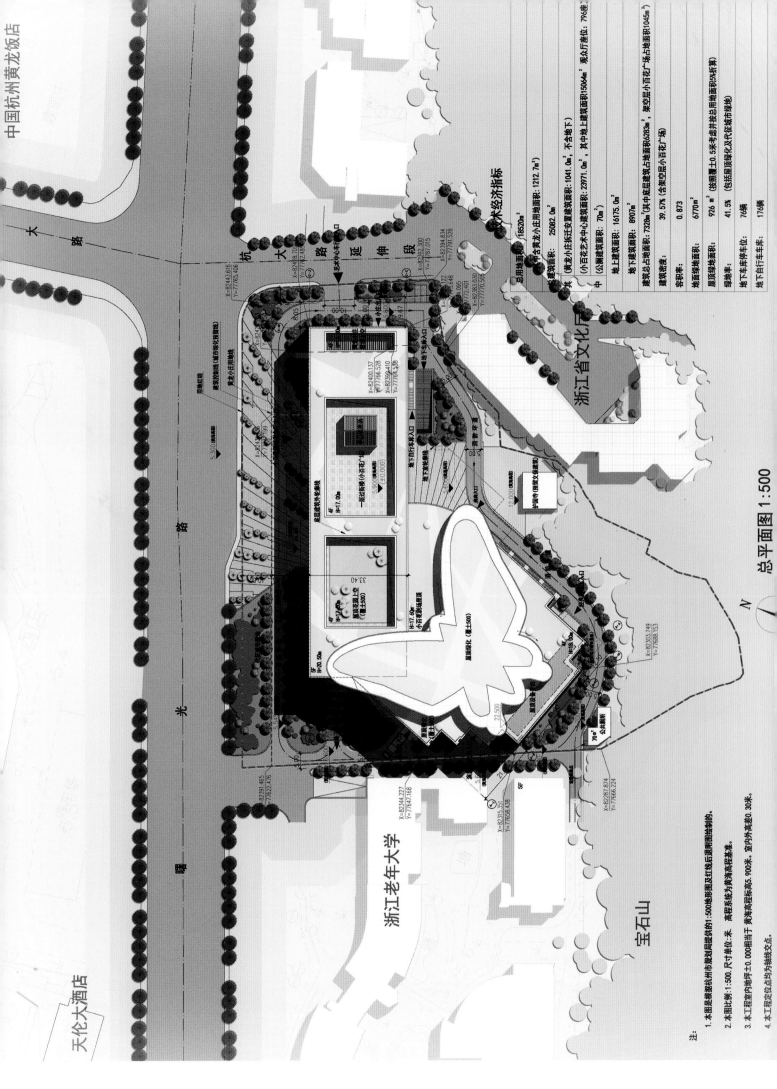

总平面图 1:500

该项目由小百花剧场、小百花展厅和黄龙小庄办公楼组成，总用地面积18520平方米，总建筑面积25082平方米。建筑高度为22.5米。

该项目有地下二层，为设备用房、地下车库及舞台台仓使用。

在保留中国传统越剧文化精华同时有追求时尚和创新的指导下，设计师提出了大开、大合、大演、大游的设计思路来阐述建筑与城市、历史、自然，协调一致、互相映衬、互相渗透、互为借取、和谐统一的关系。

以大开形态中心广场的设计形式纵贯基地中轴，打开城市与建筑、建筑与自然的绿色通道。

通过建筑空间的围合，将城市、历史和自然有机融合在一起。尊重自然的生态过程，强调人与自然的交流与共生，注重历史的结合，最终达到建筑与城市、历史、自然的统一和谐。

小百花艺术中心将建成内含中心800座大剧场、200座经典VIP小剧场、280座黑匣子剧场、博览展示厅的国际化艺术剧场，多元化的现代舞台剧场、创新的越剧舞台声光电效果，将给观众以巨大的视觉冲击力和新的舞台体验，使传统的曲艺焕发出新的生命力。

屋顶草台剧场是对传统草台草根文化的继承和发展，是对传统文化形式的保留和回归，体现了一种创新和发展的设计思想，给观众增添了一种回想、追忆的体验空间。

通过由城市广场空间进入大合空间，再经由室外垂直景观廊道上至屋顶蝶池，再以蝶池为中心开始一系列的游园体验，这一立体游园体验，使游客犹如置身在如梦如幻的绿色仙境中，给感受者以回味和遐想余地。

本案的照明设计在遵循舞台表演的规律和特殊使用的要求进行配置的基础上，力求用灯光塑造舞台魅力。

其中以梁祝化蝶为主线打造蝶舞炫彩灯光，其他区域根据需要配以传统灯光，开拓了继承和创新的发展道路，充分用灯光创新设计展现了小百花艺术中心这个美丽而又时尚的传奇。

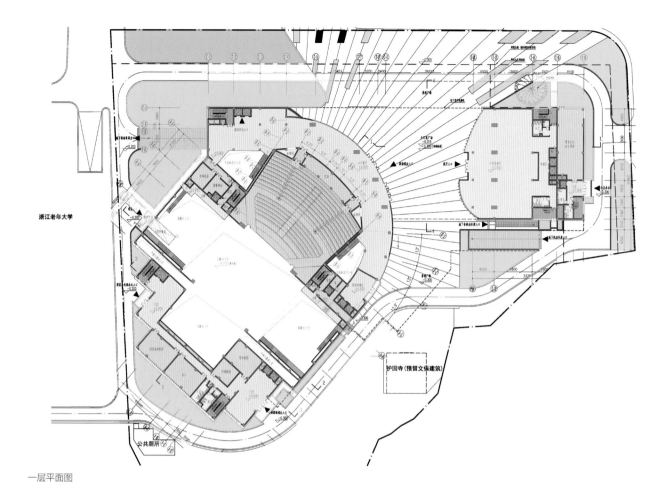

一层平面图

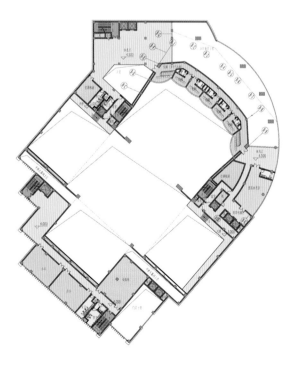

二层平面图

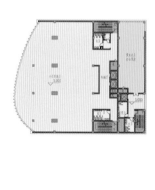

三层平面图

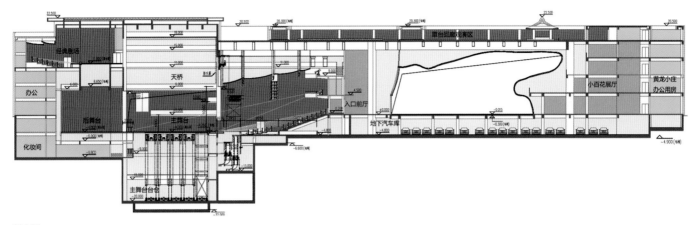

剖面图

创新照明设计采用颜色来表达戏剧的舞台情感。

朱红诠释了爱情永恒和不朽的约定。

纯白定义死生给观众留下思考空间。

宝蓝仙化，升华爱情的意义震撼观众心灵。

沿曙光路在基地东西两侧设置两个车行出入口，出入口附近设有两个双车道地下车库出入口，东侧为入口，西侧为出口。

建筑四周设有消防环道。沿建筑周边由西向东设有布景出入口、演员办公出入口、经典剧场入口、贵宾入口、黄龙小庄出入口，以满足不同人群的使用需要。

小百花剧场与小百花展厅之间有一条贯穿南北的内街，沿内街设有空中景观走廊，将地面舞台与空中天地草台剧场紧密地联系在了一起。

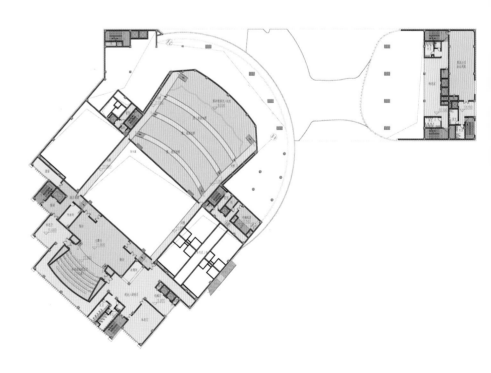

四层平面图

佛山 北滘文化中心

项目名称：佛山北滘文化中心
开发单位：佛山市顺德区北滘镇人民政府
设计单位：嘉柏建筑师事务所

技术经济指标
用地面积：20130m²
总建筑面积：13616m²

规划理念

本中心包括剧院、展厅、图书馆、教育中心以及和文化相关的零售业空间。其中的每一项功能都被策略性地置于开放的街区构形的场地内，产生多孔的边缘，使人从多个方向都能进入。影剧院位于东南角，以其略微重读的建筑处理，吸引了足够的关注，提升了建筑综合体的水平而没有与周遭环境产生令人不快的紧张氛围。由楼群封闭而成的公共区域形成了一个中央广场，使各种各样的户外活动和表演有了用武之地。这个功能各异的联合体鼓励带有不同意愿到此的游客们在激励向上的氛围中交流思想和信息。这样的氛围正是由和区域结构具有相似安排的露天广场、庭院、街道和小巷营造而成的。

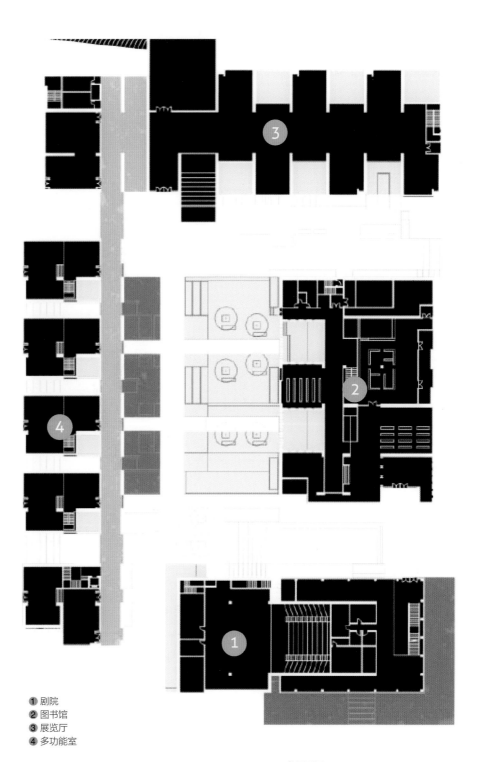

① 剧院
② 图书馆
③ 展览厅
④ 多功能室

总平面图

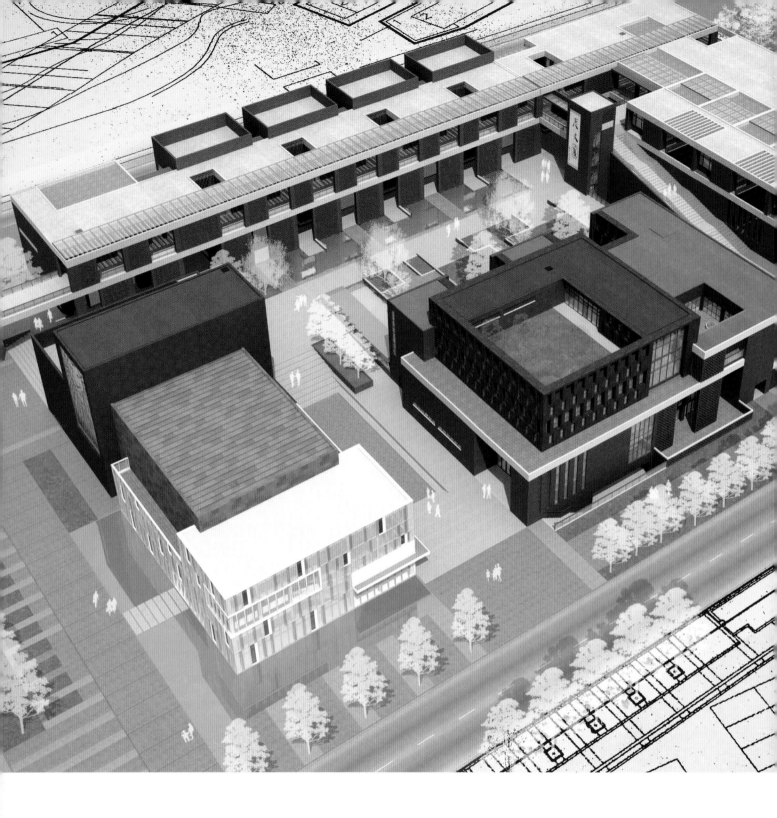

建筑的设计同样具有可渗透和开放的建筑语言。露天的廊道被用来连接和浸润每一栋建筑，引入自然光线，加强自然通风，同时维持虚和实的错落有序性。富有节奏感的建筑外墙被精心的按比例排列以使得建筑形式、绿色空间与住户之间的关系达到和谐。建筑材料和装饰体现出的结构纹理更进一步激发出北滘的地区特征。

除了帮助这个城市促进文化发展之外，本中心在完成之际也希望能引起人们保护当地历史的意识，通过建筑的介入把过去和未来连接起来。

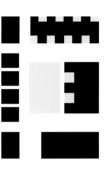
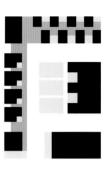

用

剧院
图书馆
展览厅
多功能室

院

设中央庭院,建筑物围
合却不封闭,庭院的主
要开口与周边城市节
点相连

巷

再次细化围合体, 穿
插巷子及光井,把自然
光和生动的人影浸进
建筑物

廊

底层及上层的长廊连
接各处的设施,亦作为
室内空间与中央庭院
的过渡

建筑细节

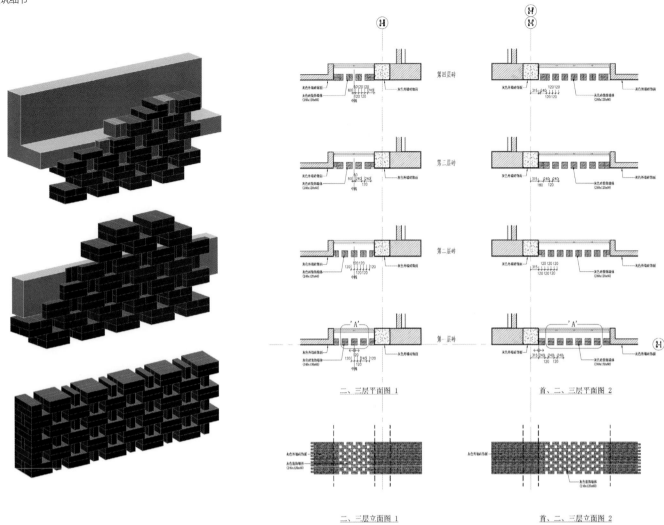

二、三层平面图 1　　　　　首、二、三层平面图 2

第四层砖
第二层砖
第二层砖
第一层砖

二、三层立面图 1　　　　　首、二、三层立面图 2

展览厅

乌鲁木齐 第十三届全国冬季运动会冰上运动中心

项目名称：乌鲁木齐第十三届全国冬季运动会冰上运动中心
设计单位：哈尔滨工业大学建筑设计研究院

技术经济指标
用地面积：366850m²
总建筑面积：73700m²
容积率：0.2089
绿地率：48.521194%
停车位：420辆

项目定位

本项目位于乌鲁木齐南山风景区，这里雪峰高耸，山峦起伏，林木葱郁，泉水淙淙，本项目正是依靠独有的气候条件及地理优势，以全运会为契机，来打造世界级的冰雪竞赛及旅游圣地。

建筑设计

1、形象设计
我们从新疆独特的雪山、戈壁等特色风貌中提取设计灵感，以纯净的白色屋顶勾勒出自然雪帽的造型意向，以层状处理的横向线条模拟戈壁独有的层岩地貌，以玻璃上雪花冰晶的模拟对地域特色进行呼应。整体建筑群仿佛掩映于皑皑白雪之中，立面形象疏朗大气、飘逸灵动，与环境和谐共融，完整地实现了"天山脚下全运雪乡"的意境。

2、竞赛功能
所有场馆的冰面均按照国际滑冰联盟2010年最新竞赛规则要求设置，大道馆采用周长为400米的标准跑道，内设一块标准冰球练习场地，能够满足高水平比赛使用；冰球馆采用70米x40米的比赛场地，可进行冰球、短道速滑、花样滑冰等运动，同层还设有56米x26米的练习场地，为运动员提供赛前热身冰面；冰壶馆

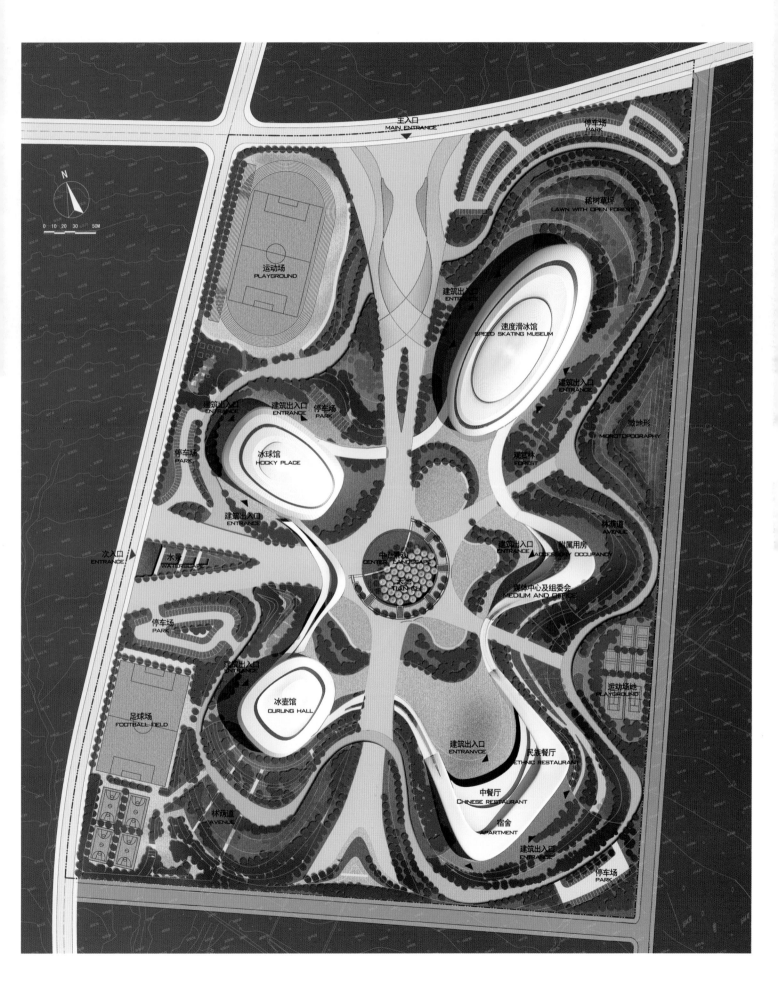

丝，是飘逸的丝绸，规划的层层放射的肌理描绘飘舞丝缎的古风神韵，轻盈、柔美，彰显丝绸文化。

路，是蜿蜒的丝绸之路，建筑上飘逸的平台不仅是对鼎盛历史的回顾，同样寓意着新疆未来发展的康庄大道。

花，新疆雪莲闻名天下。总体来看，五个建筑体犹如含苞怒放的五瓣花瓣，景观和场地的规划设计也顺应这个关系层层展开，冰清玉骨、风月高寒笙玉拳。

谷，建筑高低起伏，延续连绵的天山形象，营造出一个群山环抱、郁郁葱葱的雪山花谷。

场地区尺寸按照冰球场地尺寸设置，从而满足多种冰上运动的需求。对于不同的比赛场馆我们均采用了观众席单面布置的布局方式，相对于动辄几万人的体育场、体育馆而言，冰上运动馆观众人数较少，单面布置的模式既便于赛时管理，又利于形成较为集中的观战氛围。

3、结构选型

大道馆主体钢结构体系采用大跨度预应力张弦结构体系，结构属于高效、经济的新型体系，目前在超过100米的大跨度和超大跨度结构体系中已经得到很好的推广和应用。预应力张弦结构体系是由上弦大跨度桁架、中建撑杆、下弦预应力索组成自平衡结

构，充分利用了高强预应力索的抗拉性能改善结构的整体受力性能，具有自重轻、跨越能力强、施工方便，承载力高、经济性好等一系列优点，同时结构的自平衡性能有效简化了下部结构设计难度。大道馆预应力张弦结构采用平行布置，跨度自中间向两侧依次减小，当跨度小于50米时，采用空间管桁架转换，纵向每榀张弦桁架间采用联系桁架连接。

冰球场馆由于中等跨度，考虑到经济性和施工效率，钢结构屋盖优先采用双层双曲网壳结构，结构空间交汇的杆件互为支撑，将受力杆件与支撑系统有机地结合起来，改变了一般平面结构受力特点，能承受来自各个方向的荷载，因而具有较高的安全储

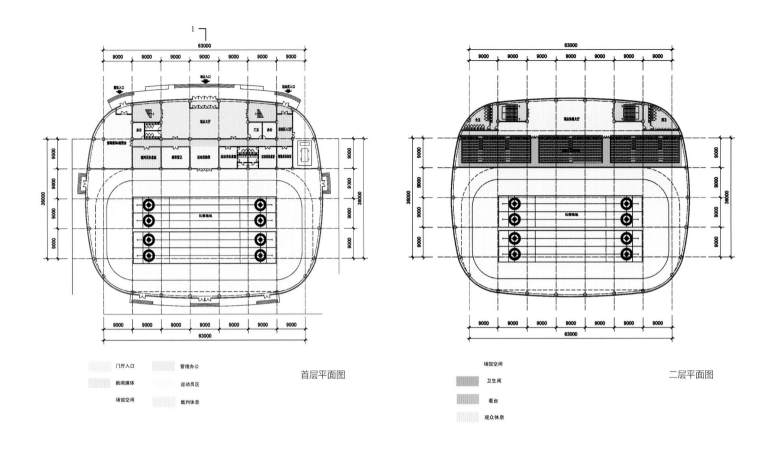

首层平面图

二层平面图

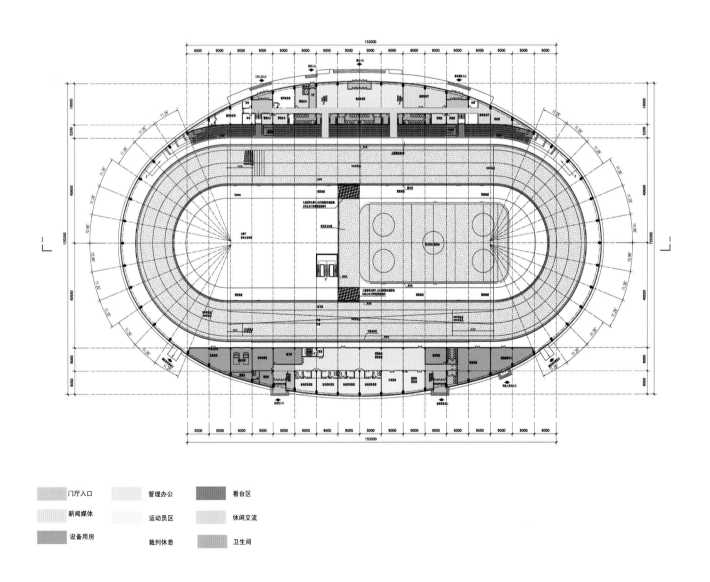

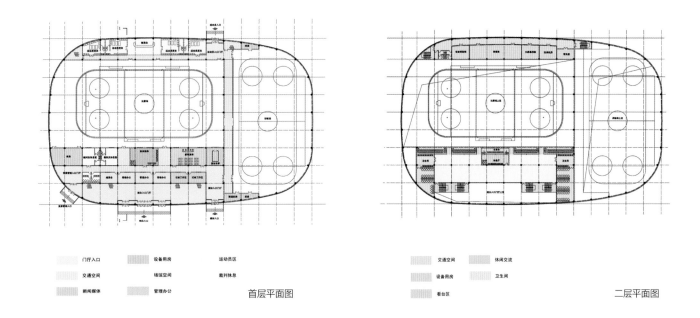

门厅入口	设备用房	运动员区		
交通空间	场馆空间	裁判休息		
新闻媒体	管理办公			

首层平面图

交通空间	休闲交流	
设备用房	卫生间	
看台区		

二层平面图

备，能较好地承受集中荷载、动力荷载和非对称荷载，抗震性能好，同时用料经济。这样既符合建筑要求，形式多样，比较美观，又有自重轻，整体稳定性好，受力合理的特点，而且配件标准化，现场施工安装比较简单，施工效率较高。

冰壶馆跨度较小，将采用螺栓球曲板网架结构，结构简洁、受力合理，具有技术成熟，施工标准化、设计难度低、加工和安装精度高等一系列优点。同时结构的抗震、抗风性能优越，经济性也非常好，特别适用于中小跨度的体育场馆建设。

经济技术指标

本方案场馆布置灵活，便于分期建设；建筑出入口均在一层设置，减少了平台部分的造价；同时由于采用成熟的结构体系，建设成本低，施工周期短，相对投资估算较为经济。项目总建筑面积73700平方米，工程直接费用估算为5.3亿元。

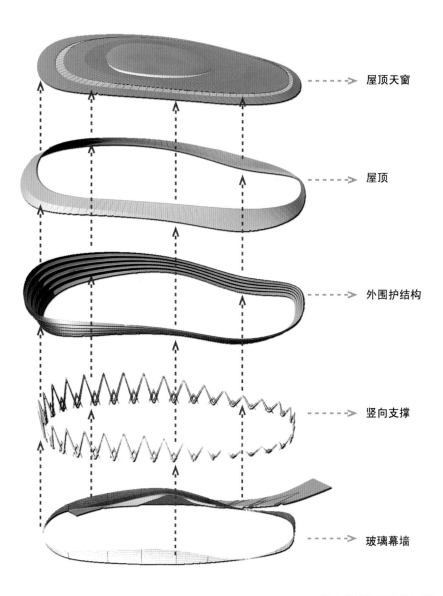

屋顶天窗

屋顶

外围护结构

竖向支撑

玻璃幕墙

速度滑冰馆结构分析图

冰球馆多功能利用：

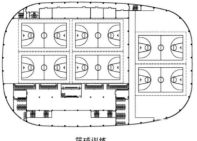

篮球训练

短道速滑

冰壶馆多功能利用：

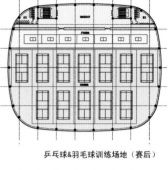

乒乓球&羽毛球训练场地（赛后）

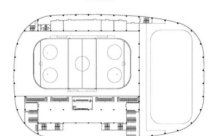

会展（国际标准展位300个）

冰球训练

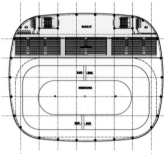

短道速滑布置图（赛后）

花样滑冰

羽毛球训练

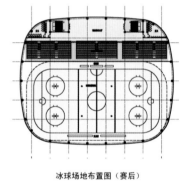

冰球场地布置图（赛后）

场馆多功能分析

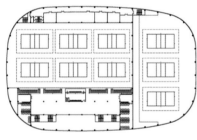
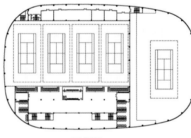

排球训练

网球训练

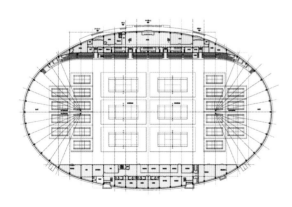

赛后网（羽毛）球平面布置图
本层建筑面积：19840平方米
共布置20块羽毛球练习场和6块网球练习场

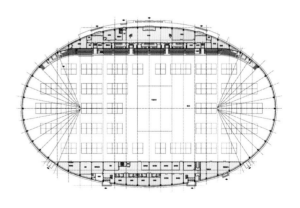

赛后展览会平面布置图
本层建筑面积：19840平方米
可容纳260个展位（4.0×4.0米）

乌兰察布　博物馆、图书馆

项目名称：乌兰察布博物馆、图书馆
设计单位：内蒙古工大建筑设计有限责任公司

技术经济指标
总建筑面积：20716.81m²
建筑高度：23.8m

工程概况

本项目由乌兰察布市博物馆、图书馆以及乌兰察布市文化局、
博物馆、图书馆行政办公区构成。总建筑面积为20716.81平方
米，总高度23.8米。

博物馆部分包括基本陈列厅、临时展厅、多媒体视听室、多功能
厅、儿童互动区、文物藏品库以及相应的业务办公用房。在满足
文物收藏的同时，提供多种展示空间，充分体现博物馆建筑对外

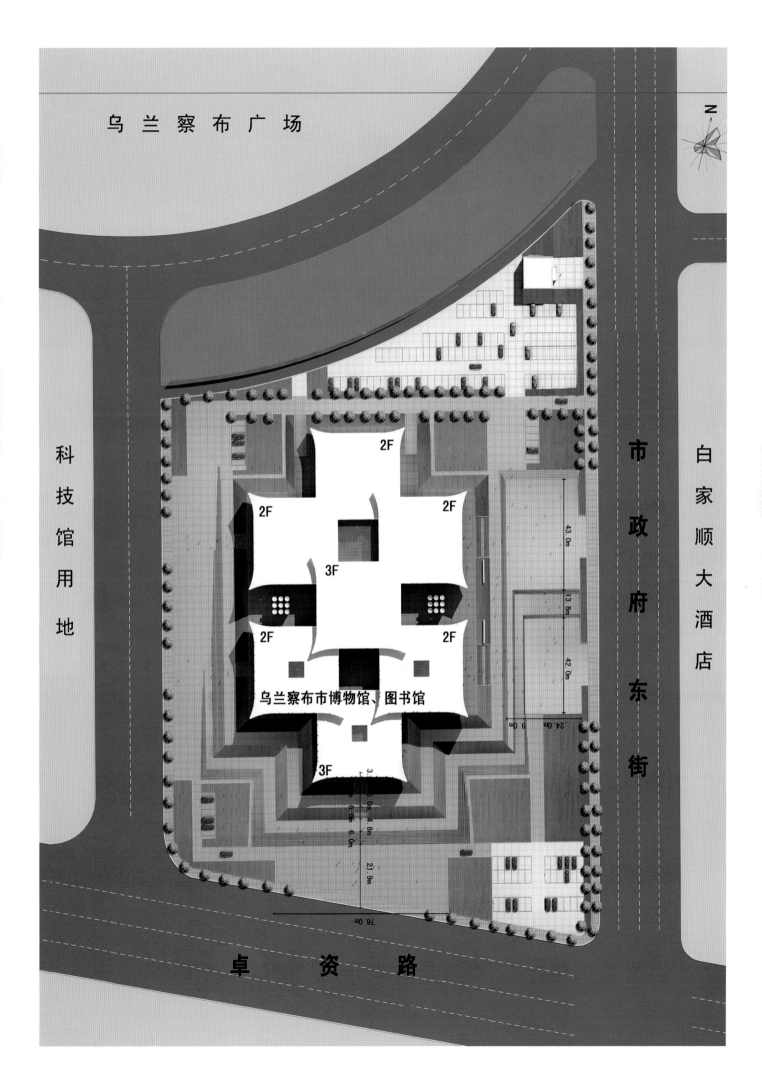

乌兰察布广场

科技馆用地

市政府东街

白家顺大酒店

2F

2F

2F

3F

2F

2F

乌兰察布市博物馆、图书馆

3F

卓 资 路

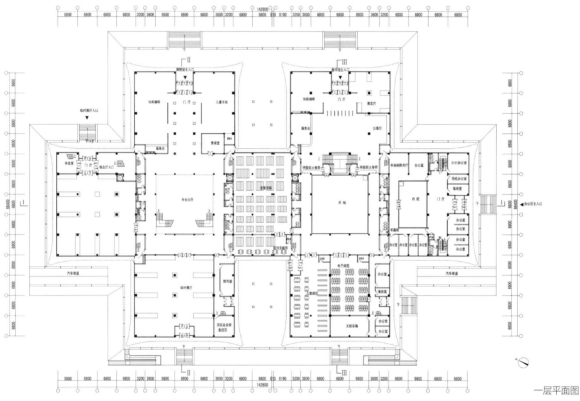

一层平面图

教育与传播文化的功能。

图书馆部分包括阅览区、自修室、图书外借区、馆藏书库区以及相应业务办公用房。在满足图书馆藏书要求的同时，为市民提供便捷的查询及良好的阅览空间。

建筑设计中的创新点

1、造型设计
整体：体量的图案组合来源于蒙族文饰的抽象提取，七个体块在角部相互咬合。体块的组合减小了大体量建筑给人带来的压抑感，丰富了建筑与环境界限，单纯、丰富、动态、唯一。

让建筑空间与城市空间进一步融合，同时也产生了堆砌的厚重感，表现出建筑大气的一面。建筑底层空间向内收进与建筑2米高的基座，使七个体块仿佛是从地面生长出来，软化了建筑与地面的连接，使建筑并不生硬地出现在基地中。同时建筑整个的形体也被充分地烘托了出来。

方案采用现代的处理手法，运用简洁的七块形体组合在一起，使建筑具有强烈的视觉冲击，表现出建筑的稳定、纯净与质朴，体现着建筑的雕塑感。

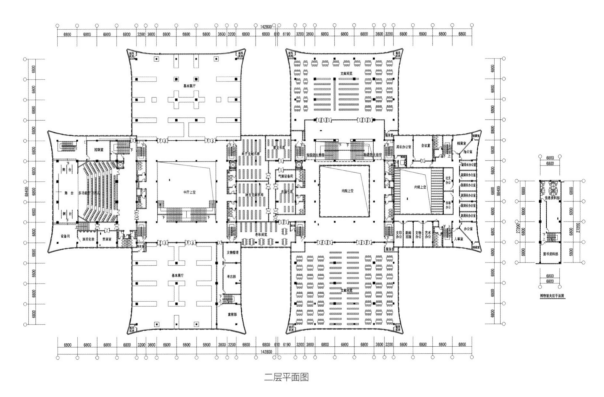

二层平面图

体块的相互咬合、高低错落，来源于元瓷纹饰的抽象提取形成的弧形平面，从建筑的形体到建筑内部空间都赋予丰富的变化。

源自"蒙古文字"的竖向条理肌理，让坚实的墙壁蕴蓄着悠远的历史感，具有一种不言而喻的永恒的个性。博物馆墙面为实肌理，图书馆墙面为虚肌理，在强调建筑整体效果的同时，突出了它们各自的功能特点，加强了各自的识别度。同时也使建筑的立面丰富了起来。

草原文化是一种内涵丰富、形态多样、特色鲜明的文化，方案通过体块的单体体量及体块组合把草原文化的博大、自由与开放赋予建筑之中。当我们环绕建筑行走时，建筑的形体和建筑轮廓线随我们的移动而不断地发生变化，有时像山峦、有时似群马奔腾，此时的建筑具有了一种动势。

蒙古民族自古尚白贵白。认为白色象征着人类社会生活中的纯洁和真诚，光明和希望，富有和高贵。我们所看到的蒙古包就是以白色为基本色调。

元瓷中的青花瓷同样也是以白色为基本色调。建筑在色彩上采用白色，体现者两者的交汇，体现着唯一。

柳州 窑埠古镇A地块Ⅲ、Ⅳ组团

项目名称：柳州窑埠古镇A地块Ⅲ、Ⅳ组团
设计单位：北京华清安地建筑设计事务所有限公司　北京中元工程设计顾问有限公司

技术经济指标
总建筑面积（含地下车库）：25192.9m²
地上建筑面积（不含地下车库/人防）：14200.2m²

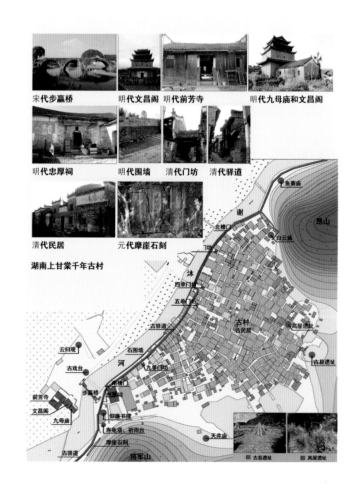

区域位置及占地面积

项目基地位于柳州市新城区，西邻柳江，南面为蟠龙山，东面为城市干道柳东路，背面为河东中心区的行政中心，与文昌桥相呼应。阳光100柳州窑埠古镇开发用总地面积为173102.31m²，其中A地块开发用地面积38339.95 m²。

柳州—窑埠组团建筑文脉分析

窑：窑埠是柳州传统砖瓦基地，其砖瓦窑作为地名的来源之一，具有鲜明的特色，饱含了时代记忆。设计时应将砖瓦窑作为项目的重要设计主题来考虑。

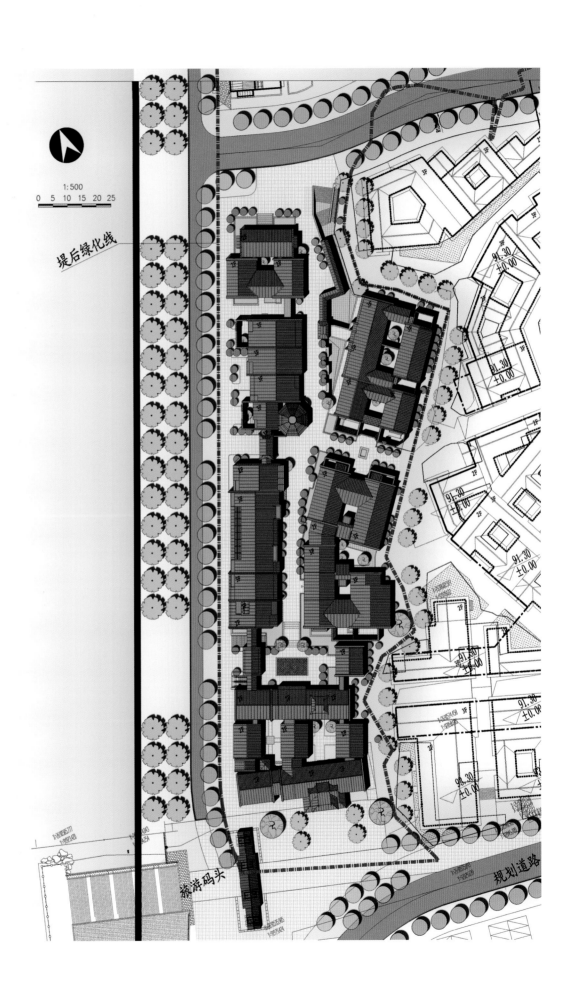

1:500
0 5 10 15 20 25

堤后绿化线

旅游码头

规划道路

埠：作为"百里柳江"的起点港口，周边地区同类型村镇如运江、大圩的形态、窑埠的区域和建筑特色应当体现出"埠"的特色。建筑风格是窑埠古镇设计时重要的参照原型。

中国历史悠久，古村镇众多，它们的一大特点是其有机生长的生命力，其肌理、建筑、景观节点等等仿佛年轮，记录了古镇经历的历史各阶段所留下的印记。因此，古镇具有突出的多样性特点。

同时，古村镇具有鲜明的地域性，与其所在的自然环境融为一体，古镇建筑能够适应当地气候、地形特征，与地形起伏相呼应，与山体河流相缠绕。

传统建筑，往往适应当地自然气候特征，凝聚着历史文化特征，是民间艺术审美的代表，具有多样性，不是仅代表片段历史的，而是有多种时代特征相间共存的。

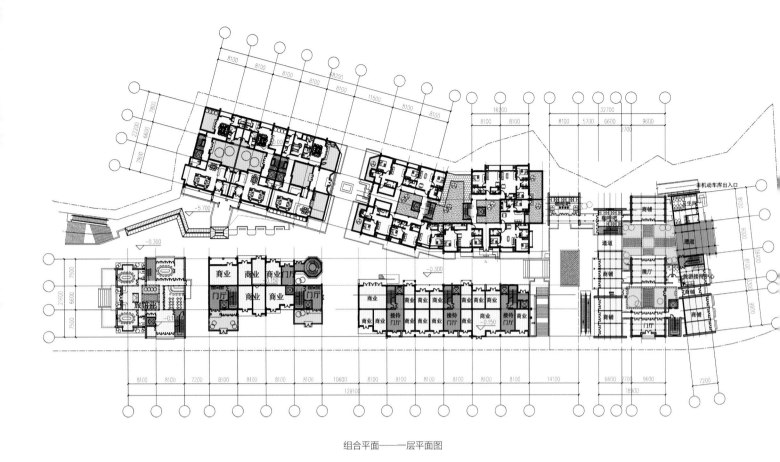

组合平面——一层平面图

组合平面——二层平面图

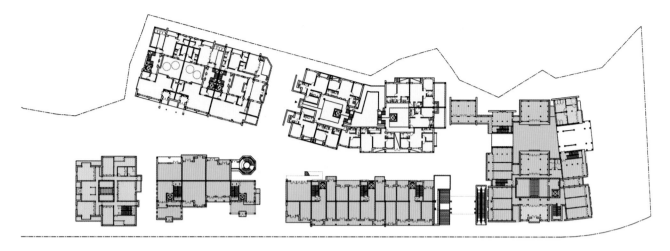

功能分区图——一层平面图

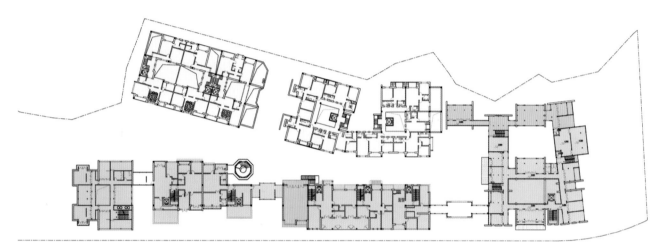

功能分区图——二层平面图

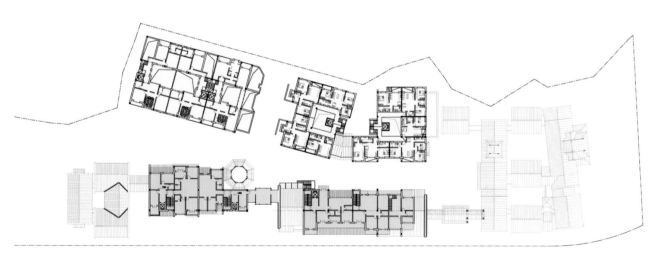

功能分区图——三层平面图

商业
住宅
旅馆业

扬州 瘦西湖虹桥坊

项目名称：扬州瘦西湖虹桥坊
开发单位：扬州瘦西湖旅游发展集团有限公司
设计单位：上海都设建筑设计有限公司

技术经济指标
占地面积：48500m²
总建筑面积：52728m²
容积率：1.08
绿化率：22%
停车位：509 辆

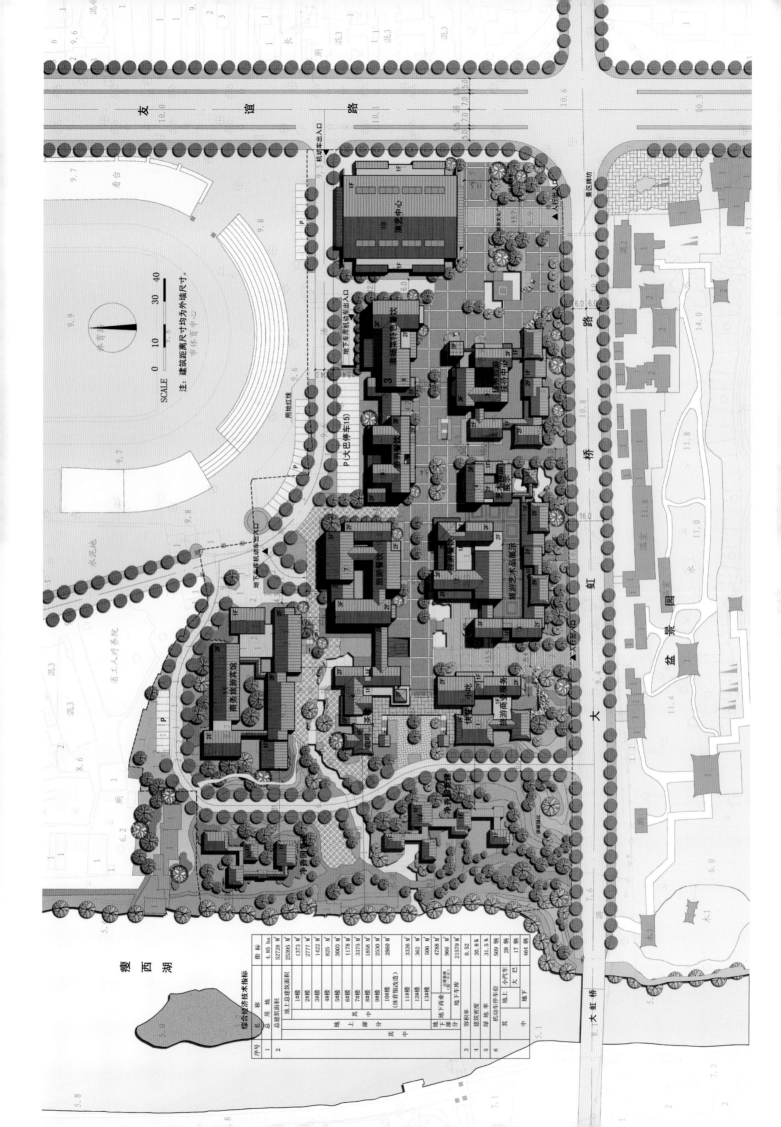

友　谊　路

瘦西湖

序号		名称	指标
1		总用地	4.85 ha
2		地上总建筑面积	52728 M²
		1#楼	25395 M²
		2#楼	1373 M²
		3#楼	2777 M²
		4#楼	1422 M²
		5#楼	825 M²
	地上部分其中	6#楼	3003 M²
		7#楼	1178 M²
		8#楼	3375 M²
		9#楼	1858 M²
		10#楼	2530 M²
		11#楼(体育街改造)	2860 M²
		12#楼	3326 M²
		13#楼	362 M²
	地下部分其中	地下商业	506 M²
		地下车库	4788 M²
		地下车库	21579 M²
3		容积率	0.52
4		建筑密度	20.8 %
5		绿地率	31.5 %
6		机动车停车位	509 辆
	其中	地上 小汽车	28 辆
		大巴	17 辆
		地下	464 辆

综合经济技术指标

扬州瘦西湖虹桥坊位于扬州大虹桥路北侧，西邻瘦西湖，是瘦西湖风景名胜区的南大门。项目地处扬州核心强势商圈，坐拥绝版人文资源，交通便利，风景独绝，是扬州市的旅游新名片。项目整体定位为瘦西湖文化休闲特色街区，是以历史人文为主题，集餐饮、休闲娱乐、零售、展示演出为一体的一站式、全天候、现代时尚休闲商业街区。

扬州虹桥坊项目占地4.85公顷，总建筑面积52728平方米，其中地上建筑面积25395平方米，地下建筑面积27333平方米。整个项目为10栋单体围合而成的建筑群落，两层为主，局部三层。项目规划停车位共509个。在总体上，10栋单体按照园林式布局组成了一个多动线漫游式商业街。其中一号楼、七号楼、十一号楼坐拥瘦西湖第一线湖景绝版资源，将成为扬州最高端餐饮设施和休闲会所。五号、六号、九号楼面向城市商业广场，将以国际品牌休闲餐饮为主，引进星巴克和哈根达斯的旗舰店作为休闲新地标。其他楼宇以城市休闲生活服务为主要业态，共同打造一个充满活力的城市商业街区。

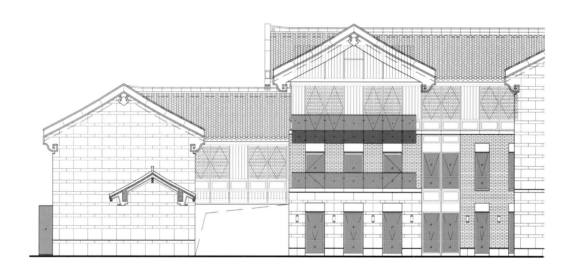

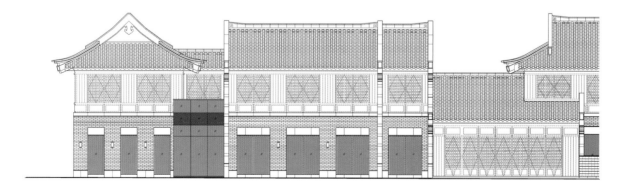

单体立面

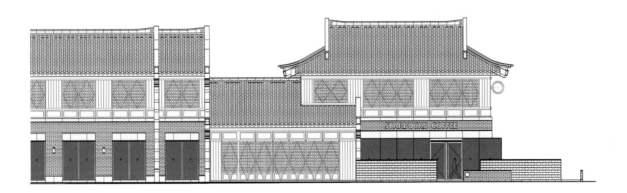

扬州虹桥坊作为景区重点打造的精品旅游文化休闲街区，建成后将大大改善瘦西湖风景区南入口整体形象，大大加强景区旅游接待能力，使景区乃至城市的竞争力得到有力提升。项目建成后，得到了从领导、开发商、商家、市民到游客的一致好评。目前，针对国内外高端品牌餐饮、休闲娱乐项目、本地百年老字号、文化体验类项目的招商工作进展顺利，星巴克旗舰店、哈根达斯旗舰店、香港满记甜品、北京全聚德等一批时尚餐饮娱乐及精品购物品牌等均已成功进驻。街区将成为扬城旅游消费与城市消费相结合的目的性消费商业标杆项目，成为名副其实的"老扬州底片，新城市客厅"。

北京 立思辰新技术有限公司研发中心

项目名称：北京立思辰新技术有限公司研发中心
开发单位：北京立思辰新技术有限公司
设计单位：华通设计顾问咨询有限公司

技术经济指标
用地面积：21488.8m²
总建筑面积：27770m²
容积率：0.853
绿地率：64%
停车位：163

四景观系统

建筑周边保留了大面积的绿化，作为地块内的主体绿化，创造绿色的区域工作环境。

将绿化从外部引入到建筑的表面，西侧的层层退台及四层的休息平台屋顶都进行了绿化，从而达到建筑的立体绿化。

室内的首层大堂设置了一个布满绿化的休闲空间，既改善了室内的小气候，又提供了休闲空间。将绿化从室外引入室内，从而达到真正的建筑、人与环境融合。

设计理念：绿色整合立思辰的企业文化中就有"绿色办公，整合服务"的理念，在日后的接触中，设计师也发现职员对于办公环境的期望也很高，希望能够在一个绿色舒适的环境中工作。但由

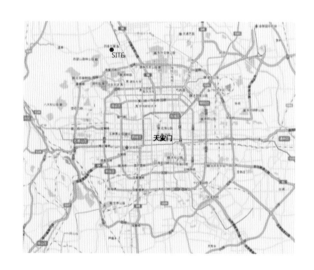

于造价的限制，设计师在作品中没有去采用什么高造价的绿色节能手段，而是将日照、通风等最普通，也最易被人们忽视的环节来着眼，尽可能创造南北向办公空间，将办公进深压小以利于风的穿过，从而将绿色真正地与办公结合在一起。

环境分析

本项目基地位于中关村软件园西南侧，毗邻甲骨文、

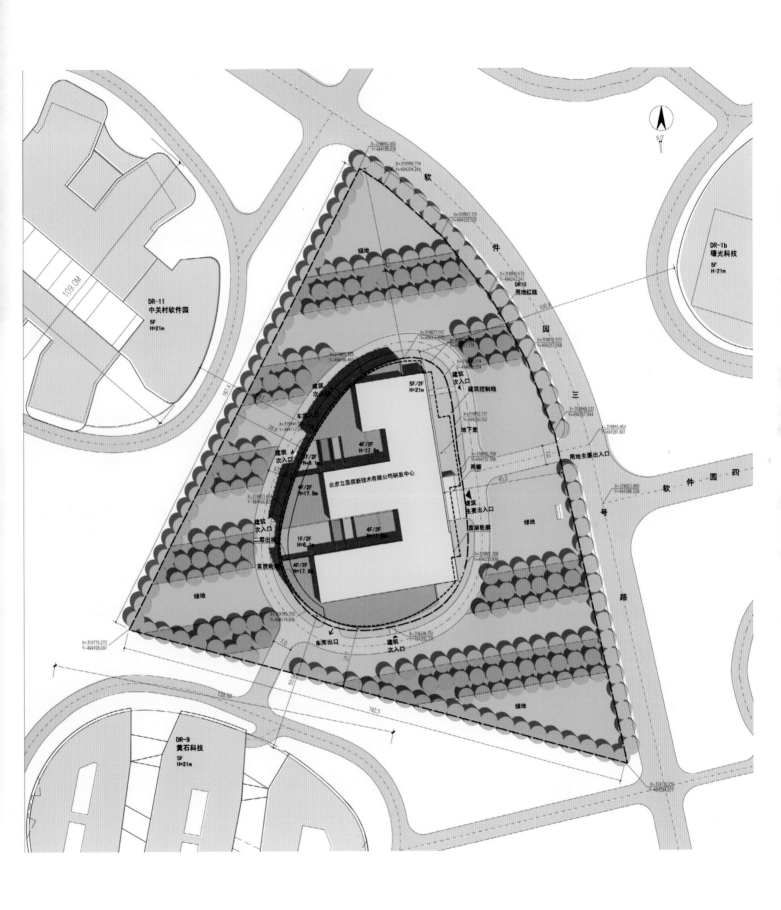

IBM、广联达等一批国内外知名的IT企业，东临软件园内部环形干道，隔路不远为园区内部的景观湖，西侧背靠大片绿地，遥望西山。这个位置为自身的形象展示和空间塑造提供了机遇。

总体布局

概念一：渗透·融合

为突显务实求新的企业形象，结合用地采用规整的"E"型布局，使多数研发空间获得最佳采光的南北向，西侧向绿地开口，形成空间相互渗透之势，既改善了研发楼的采光通风，又与园区绿色景观连为一体，形成开阔的绿色门户。

从企业功能需求考虑的同时，我们还特聘风水专家与我们一起工作，对办公楼的整体布局进行了风水优化，确定了合理的入口格局，对于场地中朝向道路的部位，采用浅色石敢当镇压来化解；而对于场地中的吉位，则充分加以利用，达到纳吉、择吉、用吉、造吉的布局原则。

概念二：生长·发展

软件园区的规划犹如一个巨大的树的枝干，每一个企业都相当于其中的一个分支，在本设计中，将此规划的理念进行延续，使树枝的这种生长发展的态势在东侧的主立面上进行表现，同时也与立思辰绿色的企业核心价值相呼应。其蓬勃向上的发展，以及园区有机生长的规划，赋予了此栋建筑天然的像树木一样生长及节节高升的概念和意向。

立思辰作为一家技术服务企业，一直在不断的致力于技术发展，为体现企业的这种技术进取精神，以条形码为原型进行衍变，通过石材及开窗的宽窄变化达到技术的理念表达。

概念三：隔栅·望山

建筑位于软件园的西侧，其为内秀之地，夹景而生，有西山在望，透格栅得之远眺，退台拟山形，叠院享碧瀑，喻志在高远之意。结合地段环境特点以及立思辰厚德载物的企业精神，本建筑将西山之景投影到建筑上使之形成建筑的西立面。采用最先进的参数化设计理念，通过程序的编写，将西山的影像转化为可识别的建筑立面，使其兼具良好的视觉效果及可实施性。

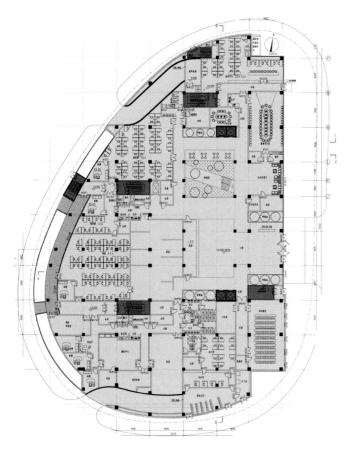

首层平面图

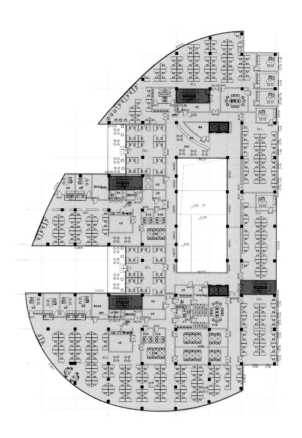

三层平面图

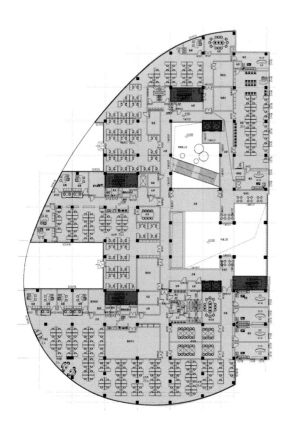

二层平面图

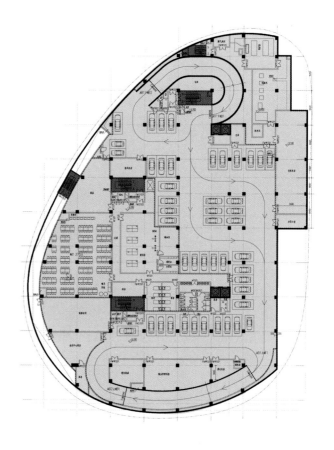

地下一层平面图

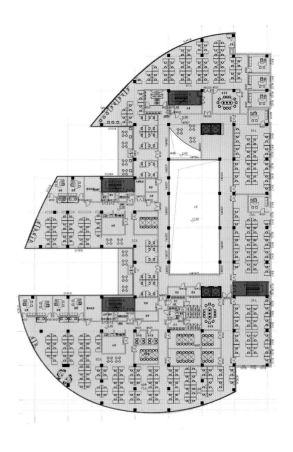

四层平面图

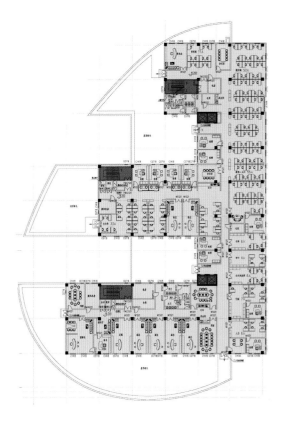

五层平面图

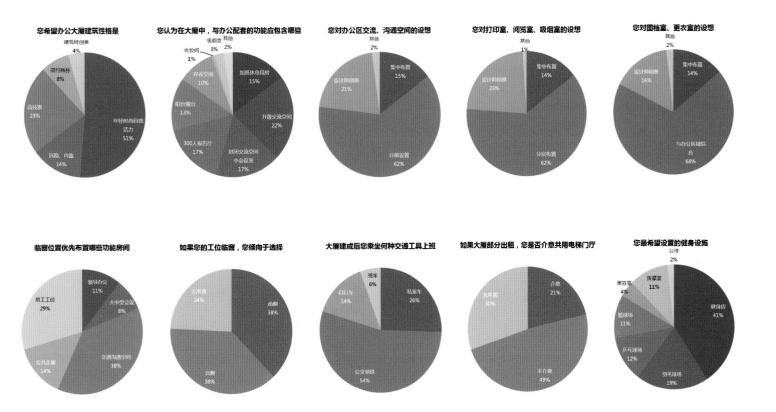

图书在版编目（ＣＩＰ）数据

人居动态. 11, 2014全国人居经典建筑规划设计方案竞赛获奖作品精选 / 郭志明, 陈新主编.
-- 北京：中国林业出版社, 2014.10

　ISBN 978-7-5038-7688-2

　Ⅰ．①人… Ⅱ．①郭… ②陈… Ⅲ．①住宅－建筑设计－作品集－中国－2014 Ⅳ．①TU241

中国版本图书馆CIP数据核字(2014)第236440号

中国林业出版社·建筑家居出版分社
责任编辑：纪　亮　王思源
特约编辑：刘增强
在线对话：2816051218（QQ）

策　　　划：北京东方华脉建筑设计咨询有限责任公司
版式设计：高　猛

出　　版：中国林业出版社（100009 北京西城区德内大街刘海胡同7号）
网　　址：http://lycb.forestry.gov.cn/
E-mail：cfphz@public.bta.net.cn
电　　话：(010) 8322 5283
发　　行：中国林业出版社
印　　刷：北京利丰雅高长城印刷有限公司
版　　次：2014 年10月第1 版
印　　次：2014 年10月第1 次
开　　本：1/16
印　　张：18.75
字　　数：300 千字
定　　价：320.00 元